职业教育计算机类专业系列教材

物联网技术与应用

主　编　宁　蒙
副主编　裴　杰　兰秀芹
参　编　苑丽贤　李　宁　李　娜

U0378769

机械工业出版社

本书以社会需求为出发点，结合职业学校学生的特点和实际教学环境，从物联网基本概念出发，深入解析了物联网的概念，对物联网的组成，对物联网的发展现状与趋势进行了详尽的分析与阐述，并系统介绍了物联网体系结构。同时，结合案例，根据不同应用场景下的业务需求，分别介绍了物联网感知识别设备、物联网传感器及物联网通信技术，并介绍了M2M业务、云计算、物联网中间件技术等物联网业务与应用支撑技术。

本书适合作为各类职业院校的物联网技术应用专业的教材，也可作为网络组建与维护等方面工作的技术人员的参考用书。

本书配套有电子教案，选用本书作为教材的教师可登录机械工业出版社教育服务网（www.cmpedu.com）注册后免费下载，或联系编辑（010-88379807）咨询。

图书在版编目（CIP）数据

物联网技术与应用 / 宁蒙主编. —北京：机械工业出版社，2017.11（2023.9重印）
职业教育"十三五"规划教材. 计算机类专业
ISBN 978-7-111-58279-3

Ⅰ. ①物… Ⅱ. ①宁… Ⅲ. ①互联网络—应用—职业教育
—教材 ②智能技术—应用—职业教育—教材 Ⅳ. ①TP393.4 ②TP18

中国版本图书馆CIP数据核字（2017）第253988号

机械工业出版社（北京市百万庄大街22号 邮政编码100037）
策划编辑：张星瑶 梁 伟 责任编辑：李绍坤 陈 洁
责任校对：马立婷 封面设计：马精明
责任印制：刘 媛

涿州市般润文化传播有限公司印刷

2023年9月第1版第7次印刷
184mm×260mm · 12印张 · 289千字
标准书号：ISBN 978-7-111-58279-3
定价：39.00元

电话服务 网络服务
客服电话：010-88361066 机 工 官 网：www.cmpbook.com
　　　　　010-88379833 机 工 官 博：weibo.com/cmp1952
　　　　　010-68326294 金 书 网：www.golden-book.com
封底无防伪标均为盗版 机工教育服务网：www.cmpedu.com

前　言

物联网是在计算机互联网的基础上,利用RFID、传感设备、无线数据通信、M2M等技术,构造一个覆盖世界上万物的"Internet of Things",实现物品的自动识别和信息的互联与共享。物联网被誉为继计算机与互联网之后的"第三次信息化浪潮",代表着信息通信技术的发展方向。随着物联网在人们日常工作和生活中的不断普及,其应用范围越来越广。

本书是以社会需求为出发点,并结合学生特点和教学环境而编写的。本书紧紧围绕物联网体系结构,按照"感知层""网络层""应用层"3层知识和技术架构,详细介绍了物联网的概念、特征与发展,并系统阐述了物联网的体系架构、关键技术和相关标准化工作。本书采用学习情境结合知识体系的方式由浅入深地将内容细化为6个子项目,全面分析了物联网的体系结构、关键技术及特点,从物联网的基本概念出发,深入解析了物联网的概念,对物联网的组成及发展现状与趋势进行了详尽的分析与阐述,并系统介绍了物联网体系结构。同时,结合案例,根据不同应用场景下的业务需求,分别介绍了物联网感知识别设备、物联网传感器及物联网通信技术,介绍了M2M业务、云计算、物联网中间件技术等物联网业务与应用支撑技术。深入探讨了物联网技术在智能物流、智能家居、智能交通等生产与生活领域中的应用,由浅入深,兼顾理论与实际。

本书内容丰富,论述详细,图文并茂,可读性、知识性和系统性、应用性强。通过对本书的学习,读者可以对物联网技术有一个整体了解,为以后从事物联网相关工作打下基础。

本书可作为物联网专业的基础课教材,也可作为通信、计算机等相关专业学生的选修课教材。本书还可供从事物联网相关工作的研究人员、工程师阅读参考。

本书由本溪机电工程学校的宁蒙老师主编。其中,宁蒙老师负责编写项目1,苑丽贤老师负责编写项目2,兰秀芹老师负责编写项目3,裴杰老师负责编写项目4,李宁老师负责编写项目5,李娜老师负责编写项目6。本书在编写过程中得到了机械工业出版社各位编辑的支持,在此一并表示感谢。

本书在编写过程中得到了太原市长江孚来印刷制版有限公司的逯林泉、山西易魔方文化传媒有限公司的闫志鹏等专家的大力指导,参考了多位职教名师和学者的论著,也得到了学校领导的大力支持,在此一并表示感谢。

由于编者水平有限,书中难免有错误和不妥之处,恳请广大读者及专家批评指正。同时,本书在编写过程中参考了大量的文献资料,在此向文献资料的作者致以诚挚的谢意。

编　者

目　录

项目1　走进物联网的世界

项目背景及学习目标

迈联公司是一家专门从事网络系统集成的公司，公司近期正积极配合政府建设该市的智慧城市项目。为更好地向广大民众推广智慧城市项目，由政府信息化主管部门牵头，在电视台做了一档专题节目《走进智慧城市》，主办方邀请迈联公司的王经理作为专家嘉宾参加节目，希望王经理在节目中向观众介绍什么是物联网。

考虑到大部分参加节目的人并非物联网方面的专业人员，而实质上物联网包括的内容又很多，为了全面又能重点突出地介绍物联网的相关知识，王经理做了很多准备。他认为既然是个科普类节目，观众肯定有很多针对物联网的问题。所以，首先应该介绍物联网的定义，结合这个定义介绍物联网的发展、来源与应用，最终向观众介绍物联网到底能干什么，让社会更多地关注物联网的发展及智慧城市的建设情况，在此基础上再介绍物联网的发展趋势，特别是国内外物联网的发展概况。

在本项目学习中，将通过具体任务介绍目前物联网有关的定义、原理、特点及应用领域和发展现状。

学习目标与重点

- 理解物联网的定义与基本内涵。
- 掌握物联网与互联网，物联网与传感网、泛在网之间关系。
- 了解物联网的特点。
- 熟悉物联网的应用领域。
- 掌握物联网国内外发展现状和趋势。
- 了解目前物联网标准情况。

任务1　物联网的概述

◆　任务描述

在节目现场，主持人通过简单的开场白向观众介绍了王经理。节目方首先播放了一段视频短片，介绍了智慧城市项目的整体情况。视频播放完毕后，主持人邀请王经理和大家讲讲什么是物联网。

王经理微笑着对观众说："大家好，今天主持人让我给大家讲一讲物联网。这些年，机器联网了，人也联网了，下一步就是物体与物体之间要联网了，于是出了一个新事物，也就是物联网。我先问个小问题，大家都知道互联网，那么物联网和互联网有什么区别？大家说二者是不是一回事？"观众纷纷举手，众说纷纭。王经理说："看来大家对物联网的准确定义还不是很清楚，这样，由我来给大家做个关于物联网的科普。"

下面的节目时间里，王经理结合电视短片和PPT向观众做了关于物联网的讲解。

◆ 任务呈现

从刚才的回答看，大家没搞清楚什么是物联网和互联网。其实，互联网（英语：internet）又称网际网路，或者音译因特网，是网络与网络之间所串连成的庞大网络，这些网络以一组通用的协议相连，形成逻辑上的单一巨大的国际网络。这种将计算机网络互相连接在一起的方法可称为"网络互联"，在这基础上发展出覆盖全世界的全球性互联网络称互联网，即互相连接一起的网络结构。

目前，人们在生活中经常通过互联网去查询信息、收发电子邮件、观看视频、使用QQ和微信等即时通信软件，用户通过端系统的服务器、台式机、笔记本式计算机和移动终端访问互联网资源，这些都方便了人们的生活。但从本质上讲，互联网还是指人与人相互的沟通。

从互联网所能够提供的服务功能来看，无论是基本的互联网服务功能（如Telnet、E-mail、FTP、电子政务、电子商务、远程医疗、远程教育），还是基于对等结构的P2P网络应用（如网络电话、网络电视、博客、播客、即时通信、搜索引擎、网络视频、网络游戏等），主要是实现人与人之间的信息交互与共享。因为，在互联网端结点之间传输的文本文件、语音文件、视频文件都是由人输入的，即使是通过扫描和文字识别OCR技术输入的文字或图形、图像文件，也都是在人的控制之下完成的。从字面看就和物联网不是一回事了，二者很显然也不是一回事。

1. 物联网的定义

物联网的英文名称是"Internet of Things"，简称IOT，它的概念最早是在1999年由麻省理工学院Auto-ID研究中心提出的。它是指利用产品电子代码（EPC）、射频识别技术（RFID）、红外感应器、全球定位系统等，通过网络（当时网络的概念还仅限于通过互联网，现在则指泛在网），按约定的协议，实现在任何时候及任何地点对任何物品进行智能化识别、定位、跟踪、监控和管理，即物品的互联互通。

顾名思义，物联网就是"物物相连的互联网"。这有两层意思：第一，物联网的核心和基础目前仍然离不开互联网，是在互联网基础上的延伸和扩展的网络；第二，其用户端延伸和扩展到了任何物体与物体之间进行信息交换和通信，如图1-1所示。

物联网主要解决物到物（Thing to Thing，T2T），人到物（Human to Thing，H2T），人到人（Human to Human，H2H）之间的互联。这里与传统互联网不同的是，H2T是指人利用通用装置与物之间的连接，H2H是指人之间不依赖于个人计算机而进行的互连。

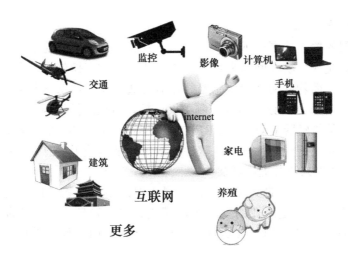

图1-1 物联网更多地体现了物与物的连接

知识拓展

来自其他机构的物联网定义

"物联网是未来互联网的一个组成部分，可以被定义为基于标准的和可互操作的通信协议，并且具有自配置能力的、动态的全球网络基础架构。物联网中的'物'都具有标识、物理属性和实质上的个性，使用智能接口实现与信息网络的无缝整合。"

——摘自欧盟第7框架下RFID和物联网研究项目组的定义

"物联网是通过传感设备按照约定的协议，把各种网络连接起来，进行信息交换和通信，以实现智能化识别、定位、跟踪、监控和管理的一种网络。"

——摘自中国政府工作报告的定义

从总体看，物联网可以将无处不在（Ubiquitous）的末端设备，包括具备"智能"的传感器、移动终端、工业系统、楼控系统、家庭智能设施、视频监控系统等，以及具有"外在使能"（Enabled）的，如贴上RFID电子标签的各种资产、设备设施、智能无线终端的个人与车辆等"智能化物"或"智能尘埃"，通过各种无线或有线的通信网络实现互联互通（M2M）、应用集成以及基于云计算的SaaS营运等模式，在内网（Intranet）、专网（Extranet）、互联网（Internet）环境下，采用适当的信息安全保障机制，提供安全可控乃至个性化的实时监测、定位、联动、调度、管理、控制、防范、维保、统计报表、决策支持等管理和服务功能，实现对"物"的"高效、节能、安全、环保"的"管、控、营"一体化。

互联网与物联网二者存在着相同点，也存在着不同点。因为，物联网是以互联网为基础核心发展起来的新一代信息网络。物联网是互联网向物体世界的延伸，目前的互联网中就有大量的物与物的通信，如果从这一点出发，物联网只要对互联网做适当的延伸就可以了。但事实上，物联网与互联网在技术需求上又有很大不同，物联网很难从目前的互联网延伸而来，尤其是互联网的承载网（端到端）是单一的IP网，而物联网的承载网（端到端）

无论如何不可能是单一的。

　　此外，物联网的覆盖范围要远大于互联网，互联网的产生是为了让人通过网络交换信息，其服务的对象是人。物联网是为物而生的，让物与物交换信息，主要是为了管理物，最终间接为人服务。而物联网中的传感器结点需要通过无线传感器网络的汇聚结点接入互联网，如RFID电子标签通过读写器与控制主机连接，再通过控制结点的主机接入互联网。物联网感知的数据是传感器主动感知或RFID读写器自动读出的。物联网运用的技术主要包括无线技术、互联网、智能芯片技术、软件技术，几乎涵盖了信息通信技术的所有领域，这些相对于传统互联网来说要更加复杂一些。

　　互联网只能是一种虚拟的交流，而物联网实现的就是实物之间的交流。要想实现物联网，首先需要改变的就是企业的生产管理模式、物流管理模式、产品追溯机制和整体工作效率。实现物联网的过程，其实是一个企业真正利用现代科学技术进行自我突破与创新的过程。

　　物联网与互联网的关系归纳起来就是：互联网是物联网的基础，物联网是互联网发展的延伸，在物联网时代，"现实的万物"将与"虚拟的互联网"整合为统一的"整合网络"。

　　还有一个相近概念是传感网，在很多时候，人们很难说清楚传感网与物联网的关系，就好比互联网与万维网的关系一样。

　　传感网的定义是：将随机分布的集成有传感器、数据处理单元和通信单元的微小结点，通过自组织的方式构成的无线网络。传感网综合了传感器、低功耗、通信及微机电等技术，可以广泛应用于国防军事、国家安全、环境科学、交通管理、灾害预测、医疗卫生、制造业、城市信息化建设等领域。传感网的工作示意图如图1-2所示。

　　传感网从技术上说是由许多不同功能的无线传感器结点组成，每一个传感器结点由数据采集模块（传感器、A/D转换器）、数据处理和控制模块（微处理器、存储器）、通信模块（无线收发器）和供电模块（电池、DC/AC能量转换器）等组成。这样一来，传感网通过感知识别技术让物品"开口说话、发布信息"，是融合物理世界和信息世界的重要一环。

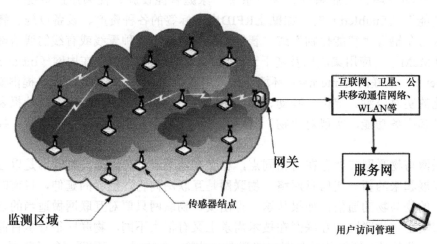

图1-2　传感网的工作示意图

　　物联网的"触手"是位于感知识别层的大量信息生成设备，包括RFID、传感网、定位系统等。传感网所感知的数据是物联网海量信息的重要来源之一，传感网的飞速发展对于物联网的进步，以及实现物联化具有重要的意义。

　　有许多人把传感网的含义扩大为包括物联网，这样的说法有一定的道理，2009年温家宝总理"感知中国"的讲话就起始于对传感网的关注，但目前看来，人们更趋向于用物联网这个词，物联网的范围大于传感网，于是在很多场合出现了"物联网（传感网）"的提法，而且这似乎成了"官方"的提法。在业界，物联网的使用频率比传感网要高，从总体看，传感网是物联网主要技术和应用之一，得到业界的认同。

知识拓展

物联网的划分（根据覆盖区域和功能划分）

　　私有物联网：一般面向单一企业部门机构内部提供服务。

　　公有物联网：基于互联网向公众或大型用户群体提供服务。

　　社区物联网：向一个关联的"社区"或机构群体（例如，一个城市政府下属的各部门，如公安局、交通局、环保局等）提供服务。

　　混合物联网：上述的两种或以上的物联网的组合，但后台要有统一的运维实体。

　　医学物联网：将物联网技术应用于医疗、健康管理、健康照护等领域。

　　建筑物联网：将物联网技术应用于路灯照明管控、楼宇照明管控、广场照明管控等领域。

2. 物联网的起源与发展

　　在物联网概念提出之前，物联网的相关技术（如传感网）早已悄然扎根于众多行业应用中。例如，在电子票证、门禁管理、仓库管理、物流、车辆管理、工业生产线管理、动物识别等领域，对RFID的应用早已普及，二维码技术也已广泛应用于动物溯源、汽车行业自动化生产线、公安、外交、军事等领域。但是真正意义上的物联网的实践最早可以追溯到1990年美国施乐公司推出的"网络可乐贩售机"。

　　1991年美国麻省理工学院的凯文·阿什顿（Kevin Ashton）教授首次提出物联网的概念。1995年比尔盖茨在《未来之路》一书中也曾提及物联网，当时由于技术条件原因未引起广泛重视。1999年，美国麻省理工学院建立了"自动识别中心（Auto-ID）"，提出"万物皆可通过网络互联"，从而正式阐明了物联网的基本含义。

　　2003年，美国《技术评论》提出传感网络技术将是未来改变人们生活的十大技术之首。为了促进科技发展，寻找新的经济增长点，各国政府开始重视下一代的技术规划，将目光放在了物联网上。

　　2004年，日本总务省提出U-Japan计划，该战略力求实现人与人、物与物、人与物之间的连接，希望将日本建设成一个随时、随地、任何物体、任何人均可连接的泛在网络社会；希望实现从有线到无线、从网络到终端，包括认证、数据交换在内的无缝链接泛在网络环境，所有国民可以利用高速或超高速网络。这里的"U"即后来的泛在网概念。

 知识拓展

泛在网——U网络

在日渐发达的通信技术、信息技术、射频识别技术等新技术的不断催生下，一种能够实现人与人、人与机器、人与物甚至物与物之间直接沟通的泛在网络架构—— U网络逐步走进了人们的日常生活。U网络来源于拉丁语的"Ubiquitous"，是指无所不在的网络，又称泛在网络。

物联网通信技术旨在实现人和物、物和物之间的沟通和对话。为此需要统一的通信协议和技术，以及大量的IP地址，还要再结合自动控制、纳米技术、RFID、智能嵌入等技术作为支撑。这些协议和技术统称为"泛在网络"技术。国际电信联盟（ITU）把泛在网络描述为物联网基础的远景。泛在网络由此成为物联网通信技术的核心。可以理解为泛在网的范围要大于物联网。传感网、物联网与泛在网等网络的关系如图1-3所示。

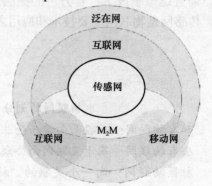

图1-3 几种网络的关系

最早提出U战略的日本和韩国给出的定义是：无所不在的网络社会将是由智能网络、最先进的计算技术及其他领先的数字技术基础设施武装而成的技术社会形态。根据这样的构想，U网络将以"无所不在""无所不包""无所不能"为基本特征，帮助人类实现"4A"化通信，即在任何时间（anytime）、任何地点（any-where）、任何人（anyone）、任何物（anything）都能顺畅地通信。"4A"化通信能力仅是U网络的基础，更重要的是建立U网络之上的各种应用。

日本和韩国提出的这一泛在网概念对物联网的发展也很重要，早期的传感网对物联网的影响及泛在网概念提出后的物联网发展是两个关键阶段，传感网、物联网与泛在网是相互依存又有所区别的关系，其关系见表1-1。

表1-1 传感网、物联网、泛在网的对比及相互关系

网络类型	基本定义	使用终端	基础网络	通信对象	涉及标准化组织
传感网	实现传感器的互联和信息的收集网络	传感器	专用传感通信网	物对物	ISO/IEC
物联网	各类型传感设备及RFID、红外设备、GPS、激光扫描器等与互联网结合，实现对所有物品的智能化识别与管理	传感器、RFID电子标签、条形码、二维码及各类内置通信模块	基于互联网、内联网等多个基础网络	物对物，物对人	IEEE，ETSI
泛在网	通过网络的泛在互联，实现物对物、物对人、人对人之间信息的获取、传递、储存、认知、分析、使用等服务，强调人机交互、异构网络融合和智能应用	传感器、RFID电子标签、条形码、二维码及各类内置通信模块、移动通信、移动终端等	所有的网络	物对物，物对人，人对人	ITU，3GPP

从表1-1看出，这3种网络可以理解为不同阶段的物联网状态，未来的物联网必定是泛在的物联网。

2005年11月17日，在突尼斯举行的信息社会世界峰会（WSIS）上，国际电信联盟（ITU）发布了《ITU互联网报告2005：物联网》，正式提出了"物联网"的概念。报告指出，无所不在的"物联网"通信时代即将来临，世界上所有的物体从轮胎到牙刷、从房屋到纸巾都可以通过互联网主动进行交换。射频识别技术（RFID）、传感器技术、纳米技术、智能嵌入技术将得到更加广泛的应用。根据ITU的描述，在物联网时代，通过在各种各样的日常用品上嵌入一种短距离的移动收发器，人类在信息与通信世界里将获得一个新的沟通维度，从任何时间和任何地点的人与人之间的沟通连接扩展到人与物和物与物之间的沟通连接。物联网概念的兴起在很大程度上得益于国际电信联盟（ITU）2005年以物联网为标题的年度互联网报告。

2006年，韩国确立了U-Korea计划。配合U-Korea推出的U-Home是韩国八大创新服务之一。智能家庭最终让韩国民众能通过有线或无线的方式远程控制家电设备，并能在家享受高质量的双向与互动多媒体服务。

2008年11月在北京大学举行的第二届中国移动政务研讨会"知识社会与创新2.0"上提出移动互联技术、物联网技术的发展代表着新一代信息技术的形成，从而带动了社会创新形态的变革，进一步推动了面向知识社会的以用户体验为核心的创新形态的形成。

2009年，欧盟执委会发表了欧洲物联网行动计划，该计划描绘了物联网技术的应用前景，提出欧盟要加强对物联网的管理，促进物联网的发展，并提出了加强物联网管理、完善隐私和个人数据保护、提高物联网的可信度和安全性、评估现有物联网的有关标准并推动新标准的制定、推进物联网方面的研发、通过欧盟竞争力和创新框架计划（CIP）推动物联网应用、加强对物联网发展的监测和管理等。

2009年1月，奥巴马就任美国总统后，与美国工商业领袖举行了一次"圆桌会议"，会议上，IBM首席执行官彭明盛首次提出"智慧地球"这一概念，建议新政府投资新一代的智慧型基础设施。当年，美国政府确定将新能源和物联网列为振兴经济的两大重点。

2009年2月24日，2009 IBM论坛上，IBM大中华区首席执行官钱大群公布了名为"智慧地球"的最新策略。此概念一经提出，在世界范围内引起轰动。"智慧地球"战略被不少美国人认为与当年的"信息高速公路"有许多相似之处，该战略能否掀起如当年互联网革命一样的科技和经济浪潮，不仅为美国所关注，更为世界所关注。

2009年8月，温家宝"感知中国"的讲话把我国物联网领域的研究和应用开发推向了高潮，无锡市率先建立了"感知中国"研究中心，中科院、运营商、多所大学在无锡建立了物联网研究院。物联网被正式列为国家五大新兴战略性产业之一，写入"政府工作报告"，物联网在中国受到了全社会极大的关注。

不难看出，物联网的产生不是突如其来的发明，实际是传感器技术、网络通信技术、微机电技术、云计算处理等技术不断发展和融合集成的结果。

3. 物联网的特点与关键技术

物联网和传统的互联网相比有其鲜明的特征。在物联网中：传感是前提，计算是核心，安全是保障，网络是基础，应用服务是牵引。

物联网的特点包括：

1）物联网是各种感知技术的广泛应用，也即识别与通信特征。物联网上部署了海量的多种类型传感器，利用RFID、传感器、二维码，以及其他各种感知设备，随时随地采集各种动态对象，全面感知世界。每个传感器都是一个信息源，不同类别的传感器所捕获的信息内容和信息格式不同。传感器获得的数据具有实时性，按一定的频率周期采集环境信息，不断更新数据。纳入物联网的"物"一定要具备自动识别与物物通信，如Machine to Machine（M2M）的功能。

2）物联网是一种建立在互联网上的泛在网络。物联网技术的重要基础和核心仍旧是互联网，通过各种有线和无线网络与互联网融合，利用以太网、无线网、移动网将感知的信息进行实时可靠的传送，将物体的信息实时准确地传递出去。在物联网上的传感器定时采集的信息需要通过网络传输，由于其数量极其庞大，形成了海量信息，在传输过程中，为了保障数据的正确性和及时性，必须适应各种异构网络和协议，也涉及云计算等技术。

3）物联网具有智能化特征，物联网实现对物体的智能化控制和管理，真正达到了人与物的沟通，具有自我反馈与智能控制的特点。物联网不仅提供了传感器的连接，其本身也具有智能处理的能力，能够对物体实施智能控制。物联网将传感器和智能处理相结合，利用云计算、模式识别等各种智能技术扩充其应用领域。物联网从传感器获得的海量信息中分析、加工和处理出有意义的数据，以适应不同用户的不同需求，发现新的应用领域和应用模式。

知识拓展

M2M（Machine to Machine）的介绍

简单地说，M2M（Machine to Machine）是将数据从一台终端传送到另一台终端，也就是就是机器与机器的对话。但从广义上讲，M2M可代表机器对机器，人对机器（Man to Machine）、机器对人（Machine to Man）、移动网络对机器（Mobile to Machine）之间的连接与通信，它涵盖了所有实现在人、机器、系统之间建立通信连接的技术和手段。目前，M2M市场非常活跃，发展非常迅猛。到2020年，全球M2M的连接数预计达到500亿件，年复合增长率为38%。目前，全球已有400余家移动运营商提供M2M服务，在安防、汽车、工业检测、自动化、医疗和智慧能源管理等领域增长非常快。

物联网的基本工作步骤：

1）对物体属性进行标识。

2）需要识别设备完成对物体属性的读取，并将信息转换为适合网络传输的数据格式。

3）将物体的信息通过网络传输到信息处理中心，由处理中心完成物体通信的相关计算与处理。

物联网的应用主要是通过下面几种技术实现的：

1）对象的智能标签。物联网主要是通过二维码、RFID等技术标识特定的对象，用于区分对象个体。例如，在生活中使用的各种智能卡、条形码标签的基本用途就是用来获得对象的识别信息。此外，通过智能标签还可以获得对象物品所包含的扩展信息，如智能卡上的金额余额及二维码中所包含的网址、电话和名称等。

2）环境监控和对象跟踪。利用多种类型的传感器和分布广泛的传感器网络，可以实现对某个对象的实时状态的获取和特定对象行为的监控。例如，使用分布在市区的各个噪声探头监测噪声污染，通过二氧化碳传感器监控大气中二氧化碳的浓度，通过GPS标签跟踪车辆位置，通过交通路口的摄像头捕捉实时交通状况，以及通过温湿度传感器获取环境信息等。

3）对象的智能控制。物联网基于云计算平台和智能网络，可以依据传感器网络，用获取的数据进行决策，改变对象的行为并进行控制和反馈。例如，根据光线的强弱调整室内窗帘的开启，以及根据温度的高低来调整空调。

物联网从产业链的角度可以细分为感知、处理和信息传送3个环节，每个环节的关键技术分别为传感技术、智能信息处理应用技术和网络传输技术。传感技术主要包括多种状态环境传感器、RFID、二维码、GPS定位、地理信息识别系统和多媒体信息等多媒体采集技术，实现对外部世界的感知和识别。智能信息处理应用技术通过应用中间件提供跨行业、跨系统的信息协同及共享和互通功能，包括数据存储、并行计算、数据挖掘、平台服务和信息呈现等。网络传输技术通过广泛的互联功能，实现对信息的高可靠性、高安全性传送，包括各种有线和无线传输技术、交换技术、组网技术和网关技术等。所以，物联网从技术组成角度讲实际是诸如RFID、M2M、传感网、两化融合等多种技术的综合体，其核心是无线传感网络（WSN）、射频识别技术（RFID）和微机电系统，这些技术几乎涵盖了信息通信技术的所有领域。物联网的关键技术组成如图1-4所示。

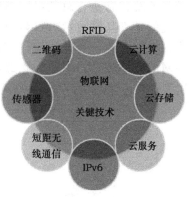

图1-4 物联网的关键技术组成

任务2 物联网的应用

◆ 任务描述

在节目现场，观众与主持人之间的互动依旧继续，主持人问王经理："通过您刚才的介绍，想必很多观众已经知道什么是物联网了，但是物联网到底应用在哪些地方呢？和我们生活是否密切相关呢？"。

王经理回答："这个问题很好，任何科学技术的发展，实际离不开人们工作和生活的需求，物联网之所以能够发展起来，不是在于技术多么先进，从本质上看，物联网的很多技术原本就是存在的，如传感器技术、通信技术，关键是物联网的出现对这些进行了有效的融合集成。同时，物联网的确也解决了很多实际问题，物联网的应用领域是很广的，医药、教育、交通、农业、军事、居家等，如一些运营商推出的电梯卫士、宜居通、车务通及各个银行联合高速公路公司推出的ETC系统和车联网等就是实际例子。举几个例子来说吧，智能家居可以实现对家中温湿度等环境的掌握并自动开启相应的空调、电饭煲等电器设备。在医院，只要通过一个小小的物联网仪器，医生就能24小时监控病人的体温、血压、脉搏。这些的实现都是物联网的应用。无论是智慧地球概念还是智慧城市概念，都离不开物联网的应用。下面，我结合几个生活中的例子来介绍物联网的应用领域"。

节目的下一阶段，王经理结合PPT向观众做了关于物联网的应用领域的介绍。

◆ **任务呈现**

物联网可以运用于城市公共安全、工业安全生产、环境监控、智能交通、智能家居、公共卫生、健康监测等多个领域，让人们享受到更加安全轻松的生活。具体来说，就是通过安装信息传感设备，如射频识别（RFID）装置、红外感应器、全球定位系统、激光扫描器等，将所有的物品都与网络连接在一起，方便识别和管理。传统的家电，如电视、洗衣机、空调甚至自行车、门锁和血压计上都能使用物联网技术。时任IBM全球董事长及首席执行总裁彭明盛明确提出"智慧地球"这一概念，什么是智慧地球，简单地说就是"互联网+物联网=智慧的地球"，智慧地球包括智能医疗、智能家居、智能工业、智能农业、智能物流、智能交通、智能电网、智能环保、智能安防等，这些都是物联网的应用领域。当然，物联网的应用还可以细分，相信随着物联网的不断应用，其应用版图会越来越大，如图1-5所示。

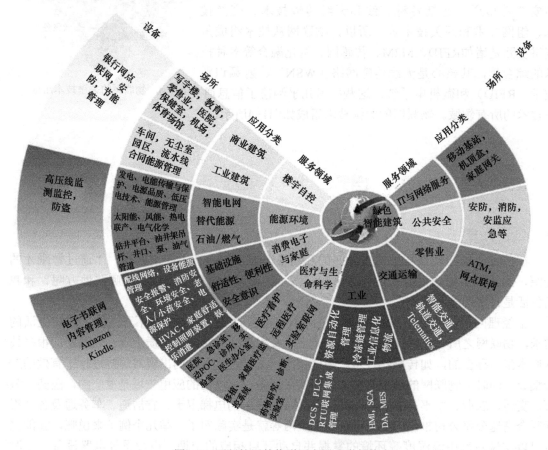

图1-5　不断扩展的物联网应用分类与特点

尽管物联网应用范围很广，但是普遍认为，物联网的应用首先应该和人们的生活息息相关，所以推出"智慧城市"的概念。智慧城市（Smart City）是依据各城市的具体要求、条件和目标等情况，选择使用人类现有思想、科技和模式等所有最优资源，实现城市（含农业）的智慧化，如安全、方便、舒适和"三化"（人性化、国际化和最优化）。智慧城市绝不仅仅是智能城市的另外一个说法，或者说是信息技术的智能化应用，还包括人的智慧参与、以人为本、可持续发展等内涵。大部分的物联网应用都是以智慧城市为中心的，主要包括：

1）智能医疗。智能医疗结合无线网技术、条形码RFID、移动计算技术、数据融合技术等，将进一步提升医疗诊疗流程的服务效率和服务质量，提升医院的综合管理水平，实现监护工作无线化，全面改变和解决现代化数字医疗模式、智能医疗及健康管理、医院信息系统等的问题和困难，并大幅度提高医疗资源的高度共享，降低公众医疗成本。

具体应用中，通过电子医疗和RFID技术能够使大量的医疗监护的工作实施无线化，从而实现远程医疗和自助医疗，以及信息及时采集和高度共享，可缓解资源短缺、资源分配不均的窘境，降低公众的医疗成本。以RFID为代表的自动识别技术可以帮助医院实现对病人不间断地监控、会诊和共享医疗记录，以及对医疗器械的追踪等。而物联网将这种服务扩展至全世界范围。此类产品也很多，图1-6为智能医疗系统的示意图。

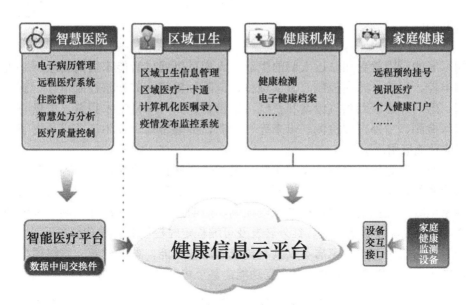

图1-6　智能医疗系统示意图

随着移动互联网的发展，未来医疗向个性化、移动化方向发展，截至2015年超过50%的手机用户可以使用移动医疗应用，如智能胶囊、智能手环、智能护腕、智能健康检测产品将会广泛应用，借助智能手持终端和传感器，有效地测量和传输健康数据。

2）智能家居。智能家居（Smart Home, Home Automation）是以住宅为平台，利用综合布线技术、网络通信技术、安全防范技术、自动控制技术、音视频技术将家居生活有关的设施集成，构建高效的住宅设施与家庭日常事务的管理系统，提升家居的安全性、便利性、舒适性、艺术性，并实现环保节能的居住环境。图1-7为智能家居系统的示意图。

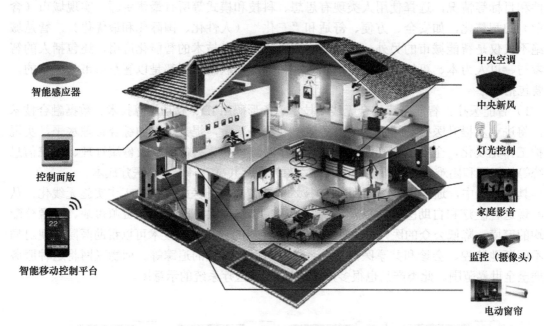

中央空调

中央新风

灯光控制

家庭影音

监控（摄像头）

电动窗帘

智能感应器

控制面版

智能移动控制平台

图1-7　智能家居系统示意图

智能家居的应用就更加贴近人们的生活，人们可以通过智能家居的物联网络进行室内到室外的电控、声控、感应控制、健康预警、危险预警等，如光感控制电灯、窗帘按时间自动挂起、感应器感应到煤气泄漏和空气污染指数过高、马桶漏水报警、电量与煤气不足报警、车库检测、室外摄像检测、未来天气预测、提醒带雨伞、生活备忘录电子智能提醒等多方面的功能应用。

例如，作为家庭使用的智能家居系统，通过物联网技术将家中的各种设备（如音视频设备、照明系统、窗帘控制、空调控制、安防系统、数字影院系统、影音服务器、影柜系统、网络家电等）连接到一起，提供家电控制、照明控制、电话远程控制、室内外遥控、防盗报警、环境监测、暖通控制、红外转发及可编程定时控制等多种功能和手段。

与普通家居相比，智能家居不仅具有传统的居住功能，兼备建筑、网络通信、信息家电、设备自动化，提供全方位的信息交互功能，甚至可节省各种能源费用。

智能家居系统包含的主要子系统有家居布线系统、家庭网络系统、智能家居（中央）控制管理系统（智能家居主机系统）、家居照明控制系统（自适应及无线自动控制）、家庭安防系统（报警、视频监控）、背景音乐系统、家庭影院与多媒体系统、家庭环境控制系统八大系统。

3）智能工业。智能工业是将具有环境感知能力的各类终端、基于泛在技术的计算模式、移动通信等不断融入工业生产的各个环节，大幅提高制造效率，改善产品质量，降低产品成本和资源消耗，将传统工业提升到智能化的新阶段，是物理设备、计算机网络、人脑智慧相互融合、三位一体的新型工业体系。

工业和信息化部制定的《物联网"十二五"发展规划》中将智能工业应用示范工程归纳为：生产过程控制、生产环境监测、制造供应链跟踪、产品全生命周期监测，促进安全生产和节能减排。

例如，空中客车（Airbus）通过在供应链体系中应用传感网络技术，构建了全球制造业中规模最大、效率最高的供应链体系；钢铁企业应用各种传感器和通信网络，在生产过程中实现对加工产品的宽度、厚度、温度的实时监控，从而提高了产品质量，优化了生产流程；在重点排污企业排污口安装无线传感设备，不仅可以实时监测企业排污数据，而且可以远程关闭排污口，防止突发性环境污染事故的发生。在石油工业中，考虑到环境比较恶劣及距离比较远，可以把无线感应器嵌入和装备到油气管道、设备中，这样就可以感知恶劣环境中工作人员、设备机器、周边环境等方面的安全状态，将现有分散、独立、单一的网络监管平台提升为系统、开放、多元的综合网络监管平台，实现实时感知、准确辨识、快捷响应、有效控制，如图1-8所示。

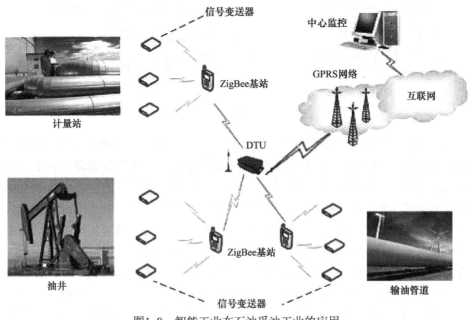

图1-8　智能工业在石油采油工业的应用

4）智能农业。智能农业（或称工厂化农业，物联网精确农业）是指在相对可控的环境条件下，采用工业化生产，实现集约、高效、可持续发展的现代超前农业生产方式，就是农业先进设施与农业用地相配套，具有高度的技术规范和高效益的集约化规模经营的生产方式。

随着物联网技术的发展，基于无线传感网的智能农业系统利用无线网络具有较高的传输带宽、抗干扰能力强、安全保密性好，而且功率谱密度低的特点，可组建针对农业生产信息采集和管理的无线网络，实现农田信息的无线、实时传输。同时，可以给用户提供更多的决策信息和技术支持，用户可随时随地通过计算机和手机等终端进行查询，实现整个系统的远程管理。

例如，智能农业中应用比较广泛的是对农作物的生长环境进行检测和调整。温室大棚自动控制系统实现了对影响农作物生长的环境传感数据的实时监测，同时根据环境参数门限值设置实现自动化控制现场电气设备，如风扇、加湿器、除湿器、空调、照明设备、灌溉设备等，也支持远程控制。常用环境监测传感器包括空气温度、空气湿度、环境光照、土壤湿度、土壤温度和土壤水分含量等传感器。智能农业也可支持无缝扩展无线传感器结点，如大气压力、加速度、水位监测、CO、CO_2、可燃气体、烟雾、红外人体感应等传感器。智能农业系统如图1-9所示。

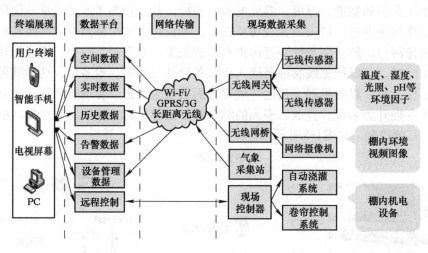

图1-9　智能农业系统示意图

5）智能物流。智能物流是利用集成智能化技术，使物流系统能模仿人，具有思维、感知、学习、推理判断和自行解决物流中某些问题的能力。它以物流管理为核心，实现物流过程中运输、存储、包装和装卸等环节的一体化和智能物流系统的层次化。智能物流的未来发展将会体现出4个特点：智能化、分层一体化、柔性化与社会化。智能物流的发展会更加突出"以顾客为中心"的理念，根据消费者需求变化来灵活调节生产工艺。智能物流的发展将会促进区域经济的发展和世界资源优化配置，实现社会化。

智能物流在具体实施中，可通过在物流商品中植入传感芯片（结点），使供应链上的购买、生产制造、包装、装卸、堆栈、运输、配送、分销、出售、服务每一个环节都能无误地被感知和掌握。这些感知信息与后台的GIS和GPS数据库无缝结合，成为强大的物流信息网络。

例如，快递公司的物流查询之所以非常方便，就在于大量条形码和电子标签的应用；在人们关心的食品安全问题上，很多是在物流环节产生的，采用基于物联网的产品追溯技术，问题就可以通过智能物流体现，通过标签识别和物联网技术可以随时随地对食品生产过程特别是运输流通环节进行实时监控，对食品质量进行联动跟踪，对食品安全事故进行有效预防，极大地提高食品安全的管理水平，如图1-10所示。

6）智能交通。智能交通系统（Intelligent Transportation System，ITS）是未来交通系统的发展方向，它是将先进的信息技术、数据通信传输技术、电子传感技术、控制技术及计算机技术等有效地集成运用于整个地面交通管理系统而建立的一种在大范围内、全方位发挥作用的，实时、准确、高效的综合交通运输管理系统，如车联网等应用。

例如，智能交通（公路、桥梁、公交、停车场等）物联网技术可以自动检测并报告公路、桥梁的"健康状况"，还可以避免过载的车辆经过桥梁，也能够根据光线强度对路灯进行自动开关控制。在城市交通控制方面，智能交通可以通过检测设备，在道路拥堵或特殊情况时自动调配交通信号灯，并可以向车主预告拥堵路段、推荐行驶最佳路线。

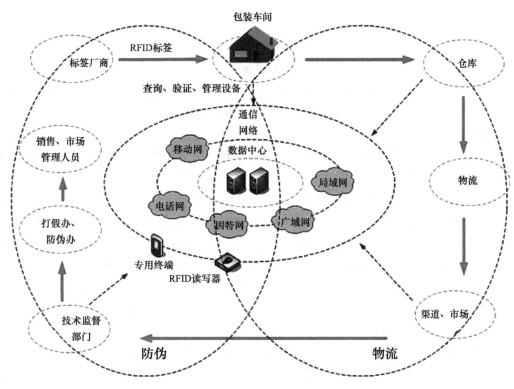

图1-10 智能物流（含防伪溯源）系统示意图

在公共交通方面，物联网技术构建的智能公交系统通过综合运用网络通信、GIS地理信息、GPS定位及电子控制等手段，集智能运营调度、电子站牌发布、IC卡收费、ERP（快速公交系统）管理等于一体。人们通过智能交通系统可以详细掌握每辆公共汽车每天的运行状况。另外，在公交候车站台上通过定位系统可以准确显示下一趟公共汽车需要等候的时间；还可以通过公交查询系统查询最佳的换乘方案。智能交通系统组成如图1-11所示。

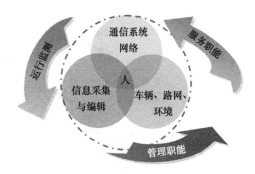

图1-11 智能交通系统组成

停车难的问题在现代城市中已经引发社会各界的热烈关注。智能化的停车场通过采用超声波传感器、摄像感应、地感性传感器、太阳能供电等技术，智能感应到车辆停入，反馈到公共停车智能管理平台，显示当前的停车位数量。同时，将周边地段的停车场信息整合在一起，作为市民的停车向导，这样能够大大缩短找车位的时间。

ETC是世界上先进的路桥收费方式。通过安装在车辆风窗玻璃上的车载器与在收费站ETC车道上的微波天线之间的微波专用短程通信，利用计算机联网技术与银行进行后台结算处理，从而达到车辆通过路桥收费站无须停车而能交纳路桥费的目的，并且所交纳的费用经过后台处理后清分给相关的收益业主。在现有的车道上安装电子不停车收费系统，可以使车道的通行能力提高3～5倍。

 知识拓展

车联网

车联网是指装载在车辆上的电子标签通过无线射频等识别技术，实现在信息网络平台上对所有车辆的属性信息和静态、动态信息的提取和有效利用，并根据不同的功能需求借助云计算平台对所有车辆的运行状态进行有效的监管和提供综合服务。车联网是市场化潜力最大的应用领域之一。车联网可以实现智能交通管理、智能动态信息服务和车辆智能化控制的一体化服务，正在成为汽车工业信息化提速的突破口。

7）智能电网。智能电网就是电网的智能化，也被称为"电网2.0"，它是建立在集成的、高速双向通信网络的基础上，以电网设备间的信息交互为手段，通过先进的传感和测量技术、先进的设备技术、先进的控制方法及先进的决策支持系统技术的应用，实现电网运行的可靠、安全、经济、高效、环境友好和使用安全目标的先进的现代化电力系统。

智能电网在具体实施中，以远程智能电力终端为突破口，形成以物联网技术为核心的双向信息通信、远程监控、信息存储、负荷分配技术，实现智能电网中的远程读取、双向交互功能。

智能电网由很多部分组成，可分为智能变电站、智能配电网、智能电能表、智能交互终端、智能调度、智能家电、智能用电楼宇、智能城市用电网、智能发电系统和新型储能系统。全球智能电网已进入发展高峰期。2013年与智能电网配套使用的智能电表安装数量已超过7.6亿只，预计到2020年，智能电网将覆盖全世界80%的人口。国家智能电网如图1-12所示。

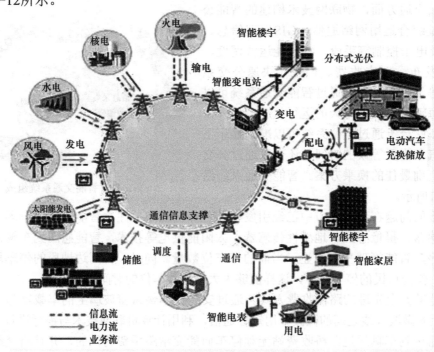

图1-12　国家智能电网示意图

8）智能环保。智慧环保是数字环保概念的延伸和拓展，它是借助物联网技术，把感应

器和装备嵌入到各种环境监控对象（物体）中，通过超级计算机和云计算将环保领域物联网整合起来，可以实现人类社会与环境业务系统的整合，以更加精细和动态的方式实现环境管理和决策的智慧。

"数字环保"可以理解为以环保为核心，由基础应用、延伸应用、高级应用和战略应用的多层环保监控管理平台集成，将信息、网络、自动控制、通信等高科技应用到全球、国家、省级、地市级等各层次的环保领域中，进行数据汇集、信息处理、决策支持、信息共享等服务，实现环保的数字化。

例如，采用物联网技术，可以建设污染源智能监控系统、环境质量智能监测系统、水资源监测系统、山洪灾害防治及防汛预警系统、中心城区排水管网监测管理系统，构建智能环保监控（测）系统体系（见图1-13），实现对各类环境要素信息的自动获取和智能处理。

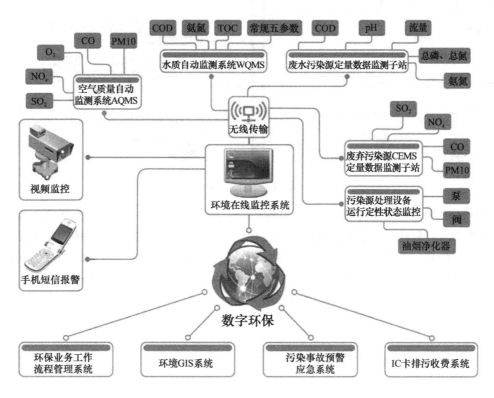

图1-13 智能环保监控系统组成示意图

9）智能安防。智能安防技术的主要内涵是其相关内容和服务的信息化、图像的传输和存储、数据的存储和处理等。就智能安防来说，一个完整的智能安防系统主要包括门禁、报警和监控三大部分。通过成千上万个覆盖地面、栅栏和低空探测的传感结点，防止入侵者的翻越、偷渡、恐怖袭击等攻击性入侵。

从产品的角度讲，智能安防应具备防盗报警系统、视频监控报警系统、出入口控制报警系统、保安人员巡更报警系统、GPS车辆报警管理系统和110报警联网传输系统等。这些子系统可以单独设置、独立运行，也可以由中央控制室集中进行监控，还可以与其他综合系统进行集成和集中监控。智能安防系统如图1-14所示。

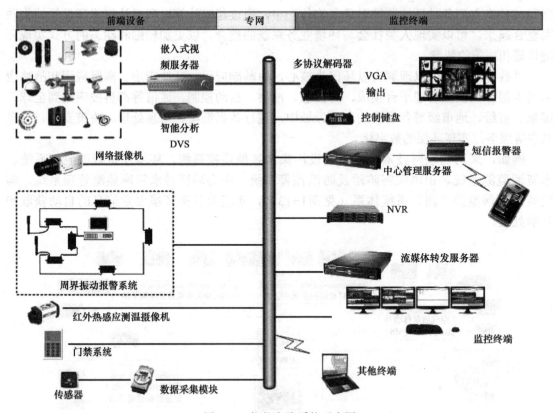

图1-14　智能安防系统示意图

例如，几年前在上海世博会召开的时候，为了提高安防水平，将安防系统全面从模拟时代向数字时代转化，其智能视频监控系统采用了智能化的视频分析算法，利用计算机对视野范围内的目标的特定行为进行分析和提取，当发现存在符合某种规则的行为（如逆向运动、越界、游荡、出现可疑遗留物等）发生时，自动向监控系统发出提示信号，通知监控人员进行人工干预，提高了安防的整体水平。

任务3　物联网的发展现状与趋势

◆　任务描述

在节目现场，有现场观众问："专家您好，刚才您介绍了物联网的这么多用处，看来确实是应用广泛，到底物联网现在国内外情况是什么样，以后我们可能用到什么样的物联网呢？"

王经理对观众说："这位观众，刚才你提到的问题其实主要是两个话题，一个是物联网在国内外的发展情况，再一个就是今后物联网发展的趋势。事实上，目前国内外都很重视物联网技术，但是考虑到价格及成本问题，目前物联网的应用也正是刚开始，其实，生活中很多地方已经应用到了物联网，部分家庭已经安装了智能家居设备，快递、公交系统也大量采用物联网技术，只是大家没有感觉到罢了。"

下面的节目时间里，王经理结合一段视频向观众做了关于物联网的发展和趋势。

◆ 任务呈现

在前面我们已经介绍了，物联网是当前最具发展潜力的产业之一，将有力带动传统产业转型升级，引领战略性新兴产业的发展，实现经济结构战略性调整，引发社会生产和经济发展方式的深度变革，是后危机时代经济发展和科技创新的战略制高点，已经成为各个国家构建社会新模式和重塑国家长期竞争力的先导力。我国必须牢牢把握产业创新方向和机遇，加快物联网产业的发展。近年来，中国互联网产业迅速发展，这是因为我国网民数量全球第一，在未来物联网产业发展中已具备基础。当前物联网行业的应用需求和领域非常广泛，潜在市场规模巨大。同时，物联网产业在发展的同时还将带动传感器、微电子、视频识别系统一系列产业的同步发展，带来巨大的产业集群生产效益。

1. 国外物联网发展现状

目前，物联网的开发和应用仍处于起步阶段，发达国家和地区均想抓住这个机遇，出台政策、进行战略布局，希望在新一轮信息产业洗牌中占领先机。物联网成为后危机时代各国提升综合竞争力的重要手段。因此，物联网将实现大规模的普及与发展。其中，微加速度计、压力传感器、微镜、气体传感器、微陀螺等器件已在汽车、手机、电子游戏、生物、传感网络等领域得到广泛应用，大量成熟技术和产品为物联网大规模应用奠定了基础。对于欧美等西方发达国家而言，发展物联网被视为巩固综合国力，促生经济动力的重要手段。

EPoSS在《Internet of Things in 2020》报告中分析预测，未来物联网的发展将经历四个阶段：

2010年之前RFID被广泛应用于物流、零售和制药领域。

2010—2015年物体互联。

2015—2020年物体进入半智能化。

2020年之后物体进入全智能化。

其市场规模分析如图1-15所示。

这其中，美国政府高度重视物联网的发展。《2009年美国恢复和再投资法案》提出要在电网、教育、医疗卫生等领域加大政府投资力度带动物联网技术的研发应用，发展物联网已经成为美国推动经济复苏和重塑其国家竞争力的重点。美国国家情报委员会（NIC）发表的《2025年对美国利益潜在影响的关键技术报告》中，把物联网列为六种关键技术之一。此间，美国国防部的"智能微尘"（Smart Dust）、国家科学基金会的"全球网络研究环境"（GENI）等项目也都把物联网作为提升美国创新能力的重要举措。与此同时，以思科、德州仪器（TI）、英特尔、高通、IBM、微软等企业为代表的产业界也在强化核心技术，抢占标准建设制高点，纷纷加大投入用于物联网软硬件技术的研发及产业化。

在2013年CES展上，美国高通推出物联网（IoE）开发平台，全面支持开发者在美国运营商AT&T的无线网络上进行相关应用的开发，思科与AT&T合作，建立无线家庭安全控制面板。

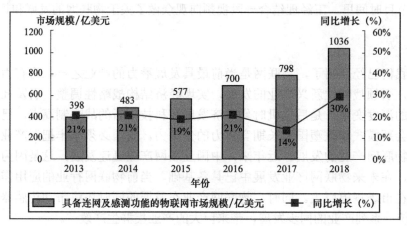

图1-15　物联网市场规模分析

目前，各发达国家结合物联网发展契机，积极进行产业战略布局，除了美国政府逐步将物联网的发展和重塑美国制造优势计划结合起来以期重新占领制造业制高点以外，欧盟建立了相对完善的物联网政策体系，积极推动物联网技术研发。德国在《高技术战略2020行动计划》中明确提出了工业4.0理念。韩国政府则预见到以物联网为代表的信息技术产业与传统产业融合发展的广阔前景，持续推动融合创新。

随同战略布局而来的是，物联网产业市场化机制正逐步形成，在各国政府的大力推动下，全球物联网应用呈现加速发展态势，物联网所带动的新型信息化与传统领域走向深度融合，物联网对行业和市场所带来的冲击和影响已经广受关注，特别是在公共领域的应用开始显现，M2M（机器与机器通信）、车联网、智能电网最近几年发展较快。

随着全球各国投入大量人力和物力深化物联网产业的研究，加速了物联网国际标准化进程。物联网体系架构对推动物联网规模和可持续发展具有重要意义。无线传感网方面跨异构传输机制的网络层和应用层协议、物联网感知信息自动识别处理和共享方面的语义研究及与移动互联网在端管云多层融合协同发展等，都促进了物联网产业的发展。

从总体看，物联网整体上处于加速发展阶段，物联网产业链上下游企业资源投入力度不断加大。基础半导体巨头纷纷推出适应物联网技术需求的专用芯片产品，为整体产业快速发展提供了巨大的推动力。应用领域业务融合创新带动产业发展势头明显，工业物联网、车联网、消费智能终端市场等已形成一定的市场规模。

2. 中国物联网发展现状

我国在物联网领域的布局较早，早在1999年就启动了物联网核心传感网技术研究，研发水平处于世界前列。在世界传感网领域，我国是标准主导国之一，专利拥有量高。作为世界最大的经济体之一，我国有较为雄厚的经济实力支持物联网发展，是目前能够实现物联网完整产业链的少数国家之一。此外，我国人口众多，幅员辽阔，无线通信网络和宽带覆盖率高，为物联网的发展提供了坚实的基础。

2009年10月，中国研发出首颗物联网核心芯片"唐芯一号"。2009年11月7日，总投资超过2.76亿元的11个物联网项目在无锡成功签约，项目研发领域覆盖传感网智能技术研发、传感网络应用研究、传感网络系统集成等物联网产业多个前沿领域。2010年，工信部和发改委出台了系列政策支持物联网产业化发展，到2020年之前我国已经规划了3.86万亿元的资金用于物联网产业化的发展。我国的物联网技术研发水平处于世界前列，我国投入大量人力与资金，在无线智能传感器网络通信技术、微型传感器、传感器终端机和移动基站等方面取得重大进展，目前已拥有从材料、技术、器件和系统到网络的完整物联网产业链。目前，物联网产业应用市场结构如图1-16所示。

从2009年以来，我国中央和地方政府对物联网行业在资金和政策上均给予了大量的支持。2011年，工信部制定了《物联网"十二五"发展规划》，重点培养物联网产业10个聚集区和100个骨干企业，实现产业链上下游企业的汇集和产业资源整合。在政策的培育下，物联网产业在近几年处于高速发展期。2010年，我国物联网的总产值约1900亿元，2011年的产业规模超过2600亿元。2012年已经超过3600亿元，年增速接近40%。至2015年，中国物联网整体市场规模达到7500亿元；至"十二五"末，年复合增长率超过30%；2017年将超过万亿元级。

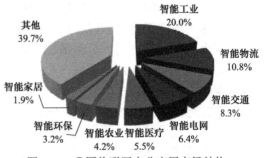

图1-16 我国物联网产业应用市场结构

在国家重大科技专项、国家自然科学基金和"863"计划的支持下，国内新一代宽带无线通信、高性能计算与大规模并行处理技术、光子和微电子器件与集成系统技术、传感网技术、物联网体系架构及其演进技术等研究与开发取得重大进展，先后建立了传感技术国家重点实验室、传感器网络实验室和传感器产业基地等一批专业研究机构和产业化基地，开展了一批具有示范意义的重大应用项目。

目前，北京、上海、江苏、浙江、无锡和深圳等地都在开展物联网发展战略研究，制定物联网产业发展规划，出台扶持产业发展的相关优惠政策。从全国来看，物联网产业正在逐步成为各地战略性新兴产业发展的重要领域。物联网产业在发展的同时还将带动传感器、微电子、视频识别系统一系列产业的同步发展，带来巨大的产业集群效益。

我国已形成基本齐全的物联网产业体系，部分领域已形成一定市场规模，网络通信相关技术和产业支持能力与国外差距相对较小，传感器、RFID等感知端制造产业、高端软件和集成服务与国外差距相对较大。仪器仪表、嵌入式系统、软件与集成服务等产业虽已有较大规模，但真正与物联网相关的设备和服务尚在起步阶段。

在物联网网络通信服务业领域，我国物联网M2M网络服务保持高速增长势头，预计2021年左右全球M2M终端的年出货量将超过100亿只。

在物联网应用基础设施服务业领域，云计算是其中的重要组成部分。国内云计算商业服务尚在起步，SaaS已形成一定规模，而真正具有云计算意义的IaaS和PaaS商业服务还未开展。目前，我国在云计算服务的基础设施（IDC中心）建设、云计算软硬件产业支持和超大规模云计算服务的核心技术方面与发达国家存在差距。在云安全方面，我国企业具有一定的特点和优势。

在物联网相关信息处理与数据服务业领域，信息处理与数据分析的关键技术主要是数据库与商业智能技术。我国的数据库产业非常薄弱，特别是高端市场仍由国际厂商垄断。就整体而言，我国拥有自主知识产权的数据库产品、BI（商业智能）产品和掌握关键技术的软件企业少，产业链不完整，缺乏产品线完整、软硬结合、竞争力强的国际企业。

从整体上看，我国物联网应用服务业尚未成形，已有的物联网应用大多是各行业或企业的内部化服务，未形成社会化、商业化的服务业，外部化的物联网应用服务业还需一个较长时期的市场培育。

我国的物联网发展存在上述瓶颈的原因，一方面是由于我国毕竟还处在物联网产业发展初期阶段，成本和盈利空间小，存在诸多产业发展约束因素；另外一方面也是和顶层设计等方面有关，其原因主要体现在以下几个方面：

1）统筹规划和顶层设计缺失。虽然我国各地政府机构正在积极地开展物联网相关产业发展工作，成立了有关园区、产业联盟，但是全国范围内尚未进行统筹规划，各部门之间、地区之间、行业之间的分割情况较为普遍，缺乏顶层设计，缺少资源共享，协调机制没有很好地建立起来，这就造成产业规划和研究成本过高、资源利用率低、无序重复建设现象严重的态势。

2）在部分核心技术领域仍旧存在空白和落后现象，标准规范缺失。我国物联网技术很多是在信息化技术基础上的深化和发展，通过增加新功能，使之具备物联网特性。但是没有形成核心技术，导致大量采用国外技术，在专利方面受制于人，在信息安全方面没有保障，更导致物联网数据采集环节的传感器、电子标签，特别是高端产品的成本过高，从而拖累整个物联网行业的发展。

3）产业链不完善，规模化程度不够，缺乏成熟商业模式。目前由于我国处于物联网发展初期，产业集中度非常低，产业链条非常长，而且非常分散，国内的应用需求还是以"物的互联"为主，难以激发产业链各环节的参与和投入的热情，也难以实现规模化行业应用。初期成本居高不下，产业链的不完善在一定程度上制约了物联网产业健康有序发展。实现物物互联的数据计算量庞大，需要更大的计算平台支撑。

此外，单就现状而言，由于传感器数量多、读写设备多、识读点多、硬件设备品种多，以及缺乏对物联网系统的有效管理，设备维护困难，系统可扩展性、可复制性差的现实情况，给物联网的普及与发展也带来不少现实的问题。

2011年5月，工信部电信研究院发布了第一本《物联网白皮书》，白皮书对原创性进行了系统性的梳理，提出了整个物联网发展的概念、内涵，架构及技术体系等关键要素。而2015年的《物联网白皮书》提出了物联网的五大发展趋势和机遇：一是M2M车联网市场是最具内生动力和商业化更加成熟的领域；二是物联网在未来整个工业方面的应用，将推动工业转型升级和新产业革命的发展；三是物联网与移动互联网融合方向最具市场潜力，创新空间最大；四是行业应用仍将持续稳步发展，并蕴含巨大空间；五是物联网产生大数据，大数据带动物联网价值提升，物联网是大数据产生的源泉。

针对目前我国物联网产业存在的问题，2015年的《物联网白皮书》提出以下建议：一是强调内生动力，希望物联网能够自我循环发展；二是从应用的角度入手，通过应用带动产业发展；三是强化创新互驱动，进一步优化配套环境。

3. 物联网标准现状

物联网技术的出现有其深厚的社会发展与技术发展背景。物联网是以互联网为基础发展起来的，它的出现是计算机技术、通信技术和微电子技术发展的必然结果，具有跨行业、跨领域的交叉学科特征。物联网牵扯到很多新兴技术，这些新技术往往没有统一的标准，物联网要实现任何时刻、任何地点、任何物体之间的互联，必然要求标准的统一，否则物联网很难实现真正的互联互通。

根据麻省理工学院的学者大卫·克拉克（David Clark）的"大象的启示"理论，对于物联网这样复杂的事物，标准制定过早，因为研究不够充分、问题发现的少，则无法制定好的标准。但是，如果是在产业已经形成比较大的规模后才制定标准，由于已经有大量采用不同标准的产品被制造出来，事实上，这样的标准名存实亡。这种问题不单单在物联网领域存在，其他IT领域也存在。

目前，正处于物联网爆发式发展的历史时期，物联网相关技术标准处于混战状态，许多组织、研究所、企业都在制定自己的标准，一是各自研发的不同，另一个就是知识产权问题，一旦采用别人的技术，就要长期支付知识产权费用，处处受制于人。本身物联网又是在不断发展着，物联网技术的标准化进程严重滞后，阻碍了物联网产品化、市场化的进程。因此，各项技术标准的制定成为上下一致的当务之急。

由于物联网属于起步阶段，完整的国际体系尚未形成，虽然美国、日本等国家推进一些物联网标准的制定，但整体上还没有成型。物联网由于缺乏规范的标准出现瓶颈，这也是所有行业在发展初期面临的普遍问题。国际上在发展物联网的同时也不断有相应的物联网标准出台，仅电子标签的标准就有很多，在很多关键领域，美国与欧洲的标准也不统一。

例如，我国在智能家电标准的制定过程中就涉及利益的争夺问题，因为标准是两个，分别是闪联和e家佳，这二者都是信产部认可的，同时，也都是"信息设备互联标准"组织，也是"物联网标准联合工作组"的成员单位。不过，既然是两个标准，那么即便目标一致，二者也必定有所区别和重叠，需要更高一层的"物联网标准联合工作组"来协调。

（1）物联网国际标准化情况

当前，物联网国际标准化工作还处在起步阶段，各相关国际标准组织围绕既有的范围开展了一些物联网标准化研究工作，包括 ISO/IEC、3GPP（第三代合作伙伴项目）、ITU（国际电信联盟）、IEEE（电气和电子工程师协会）等。但总体来说，由于各组织既有研究领域的局限性，尚未正式制定物联网相关的顶层架构标准。物联网的国际标准一般采用分层的体系，主要分三层，感知层、网络层和应用层，每一层都会涉及一些标准化组织，目前已经包括24个标准化组织，主要分为国际标准化组织及国际工业组织和联盟两类。

国际上的标准化组织主要负责制定物联网整体架构标准、WSN/RFID标准、智能电网/计量标准和电信网标准。

负责制定物联网整体架构标准的国际组织主要包括国际电信联盟电信标准化组织（ITU-T）第13研究组、欧洲电信标准化委员会下的M2M技术委员会及ISO/IEC第1联合技术委员会第6子委员会中的传感器网络研究组等。

负责制定WSN/RFID标准的国际组织主要包括IEEE 802.15第4任务组、ZigBee 联盟、国际互联网工程任务组（IETF）下的基于低功耗个域网的IPv6 工作组。

负责制定智能电网/计量标准的国际组织主要包括美国联邦通信委员会、电子电气工程师协会、欧洲标准化委员会、欧洲电子技术标准委员会等。

负责制定电信网标准的国际组织主要包括第三代合作伙伴项目（3GPP）/3GPP2、全球移动通信系统协会（GSMA）下的智能卡应用组（SCAG）和开放移动联盟（OMA）等。

负责制定终端网协议标准的工业组织和联盟、欧洲智能计量产业集团、KNX 协会和家庭网关协议组织。

物联网标准认证上的五大联盟主要是：

1）AllSeen Alliance技术联盟。AllSeen Alliance技术联盟诞生于2013年12月，目前拥有100多个会员企业，既有高通、思科、TP-LINK 这类通信设备制造商，也有海尔、LG、松下、夏普等消费类电子产品厂商。AllSeen Alliance的创始会员高通公司对其最为重要，因为该协会的开源软件框架AllJoyn是基于高通的代码和技术平台创建的。AllSeen Alliance的目标是，让配置不同的操作系统和通信网络协议的家用商务设备实现协作互助。2014年12月，微软宣布Windows 10全面支持AllJoyn技术并推出了适用于AllJoyn的工具包。

2）IEEE学会 P2413项目。技术标准的传统权威IEEE（电气和电子工程师协会）发起了整顿IoT领域的P2413项目。IEEE在业内历史悠久，受人尊重，但很多制造厂商并不领情，而是认为它在添乱，他们认为该组织在面对迅猛发展的科技新浪潮时过于死板，行动迟缓。IEEE成立了P2413项目，力图一统物联网技术标准，解决业内在标准制定上的重复和浪费问题。目前，该工作组的供应商和组织机构包括思科、华为、通用电气、甲骨文、高通和ZigBee联盟等。

3）工业互联网联盟（IIC）。IIC的原始成员为AT&T、思科、通用电气、IBM和英特尔。该联盟现有逾百名成员，华为、微软、三星等业内知名企业均在其中。IIC着重于各家企业的物联网建设及策略，并未着力制定行业标准，而是与认证机构合作，以求确保各商业领域的物联网技术融会贯通。IIC的宗旨是让多家正在开发IoT与M2M技术的企业实现共同协作、相互影响。这涉及界定基本标准要求、参考架构和概念证明的问题。

4）开放互联联盟（OIC）。OIC成立于2014年7月，该联盟已拥有戴尔、惠普、英特尔、联想和三星等50多名会员。OIC正组织撰写一系列开源标准。在那些标准的帮助下，各类联网设备将能寻找、隔离和确认彼此，进行沟通、相互影响，完成数据交换。

5）Thread Group。Thread Group同样诞生于2014年7月，Google旗下智能家居公司Nest和三星等50家机构都是该联盟的成员，中国家电企业美的集团也在其中。Thread是一种基于IP的安全网络协议，用来连接家里的智能产品。该联盟因此得到重要的先发优势，其协议支持一种现已上市的芯片，并能给所有设备都分配一个IPv6地址。由于Thread仅定义联网，这为其支持的产品今后适用于AllSeen和OIC这类更高层面的标准奠定了基础。该联盟从2016年上半年起进行产品认证。

据《中国物联网产业发展年度蓝皮书（2010）》介绍，作为物联网的关键技术，主要流行的国际标准有ISA100.11a、IEEE 1451、ZigBee（IEEE 802.15.4）、EnOcean 4种。各种标准特点不一：ISA100.11a是第一个开放的、面向多种工业应用的标准；EnOcean是为了给建筑自动化领域提供灵活安装和免维护传感器的解决方案；IEEE 1451是一组智能换能器（包括传感器和传动器）的接口标准；ZigBee（802.15.4）则是一种短距离、低功耗的无线通信标准。

（2）中国的物联网标准进程

在物联网领域，我国的起步与发达国家相比并不晚，但是，我国的传感器芯片绝大部分来自进口是不争的事实，缺乏核心技术是产业发展的最大瓶颈，正由于缺乏核心技术，使得标准的制定工作举步维艰，要想在物联网行业掌握话语权，并不是制定出标准就能做到的，而是要掌握核心技术。

我国一直非常重视物联网产业发展，此前，国家标准委已联合国家发改委等其他相关部委先后成立了物联网国家标准推进组和国家物联网基础标准工作组，初步形成了组织协调、技术协调、标准研制三级协同推进的物联网标准化工作机制。物联网国家标准推进组负责物联网国家标准组织协调工作，推进组由国标委和相关部委司局级领导组成;国家物联网基础标准工作组负责物联网国家标准技术协调工作，由15个相关标委会和5个物联网行业应用标准工作组组成，下设总体项目组、安全项目组、标识项目组和国际标准化研究组，负责相关基础标准研制工作和对口国际标准推进工作。

截至目前，我国物联网国家标准已经初具体系。国家物联网基础标准工作组在研标准30多项，包括总体标准14项、标识标准13项、安全标准6项，其中标准化工作指南、术语、参考体系结构和接口要求4项核心标准已经完成草案，并进入征求意见阶段;我国物联网行业应用标准已有47项国家标准正式立项，79项物联网国家标准立项完成立项公示，涵盖了农业、交通、公共安全、林业、家用电器等多个应用领域，这些标准将为推动我国物联网产业体系、技术体系和服务模式健康有序发展发挥重要的规范作用。

我国在物联网国际标准化方面经过多年的积累，已掌握了部分重要的国际话语权，在ISO/IEC、IEEE、ITU等国际标准组织中，牵头或参与了多项国际标准的制定，包括担任主要编辑工作的ISO/IEC 20005、ITU-T Y.2060、IEEE 802.15.4c等8项标准，已经正式发布。

2010年10月，中国物联网研究发展中心（筹）在国内首次推出并出版《中国物联网产业发展年度蓝皮书（2010）》，该书包括环境篇、概述篇、产业篇、应用篇、技术篇、战略篇、展望篇、附录篇等内容，共20章，20多万字，对物联网产业进行了全面系统的阐述。其中，技术篇对物联网关键技术的主要技术标准（包括国际标准和国内标准）进行了分类和系统化整理，在一定程度上缓解了国内物联网技术标准的饥渴症，为我国物联网技术标准的制定和选择提供了参考，为企业选择产品标准提供了依据。

2014年，从国家物联网基础标准工作组传来喜讯：由我国主导提出的物联网参考体系结构标准已经顺利通过了ISO/IEC（国际标准化组织/国际电工委员会）的国际标准立项，这是我国国际标准化领域的又一个突破性进展，同时也标志着我国开始主导物联网国际标准化工作。

◆　项目能力巩固

1．本章介绍了几种对于物联网的定义？为何会有多种物联网的定义？

2．物联网与互联网相比，具有哪些主要特征？

3．简述物联网的国内外发展概况。

4．我国物联网发展有哪些优势？同时物联网产业发展面临哪些困难？

5．中国在物联网方面具有哪几大优势？

6．网络下载一个"二维码大师"软件，自己制作一个能显示自己姓名、电话、网址等信息的二维码，并用手机扫描一下。

7．通过搜索引擎查找物联网发展历史和标准，了解物联网发展情况。

◆　单元知识总结与提炼

本项目阐述了物联网的基本概念，给出了物联网的几个具有代表性的定义；介绍了物联网的发展历史及国内外的发展现状；指出了物联网的本质和特征；介绍了物联网的应用领域，以及国内外发展现状和发展趋势，并介绍了目前物联网的标准制定情况。

项目学习自我评价表

能力	学习目标	核心能力点	自我评价
职业岗位能力	理解物联网的定义与基本内涵	了解物联网的多种定义，掌握普遍采用的定义，知道其他几种定义的具体含义	
	掌握物联网与互联网，物联网与传感网、泛在网之间关系	掌握传感网、物联网、泛在网的对比及相互关系	
		知道传感网的定义与组成	
		了解泛在网的具体含义	
	了解物联网的特点	了解物联网的基本特点	
		知道物联网的关键技术有哪些	
	熟悉物联网的应用领域	了解智慧地球与智慧城市的概念	
		了解智能医疗、智能家居、智能工业、智能农业、智能物流、智能交通、智能电网、智能环保、智能安防等	
	掌握物联网国内外发展现状和趋势	掌握国外物联网的发展现状，主要是指欧美国家的物联网发展情况	
		掌握我国物联网的发展情况和存在的问题	
	了解目前物联网标准情况	了解物联网标准的现状	
		了解主要物联网标准的制定情况和组织	
		了解我国物联网标准制定的情况	
通用能力	沟通表达能力		
	解决问题能力		
	综合协调能力		

项目2　物联网体系的构成

项目背景及学习目标

迈联公司王经理收到某大学计算机系的邀请，要求为该校计算机网络技术专业的学生做一个讲座，讲座的内容是物联网体系构架的构成及内部的关键性技术。

本次讲座的对象是计算机网络专业的大学生，虽然没有专门学过物联网课程，但是学生们普遍有一定的计算机及网络知识的基础，加之头脑灵活，又经常接触新鲜事物对物联网并非一无所知，接受物联网方面的知识也会比较容易。所以，王经理准备讲授物联网的体系架构等比较专业的知识，特别是物联网体系结构中每个分层的作用与具体关键技术。

在本项目中，将通过介绍物联网的三层架构，每层架构的功能及该层的关键性技术，来初步了解物联网的层次结构。

学习目标与重点

- 掌握物联网体系架构。
- 掌握各层架构之间的关系。
- 掌握感知层的功能。
- 了解感知层的关键技术。
- 掌握网络层的功能。
- 了解网络层的关键技术。
- 掌握应用层的功能。

任务1　物联网体系架构

◆　任务描述

在讲座现场，王经理首先引用"智能家居"、"温控大棚"和"智能交通"这几个物联网案例，简单地让学生们了解物联网在各个领域的广泛应用。物联网强大而神奇的功能引起了同学们对物联网的强烈兴趣。有的学生提出问题："物联网为什么会有这么强大的功能？它是怎么实现的呢？"

王经理说："大学生提出的问题就是有深度啊！物联网之所以能自动化完成如此强大的功能，是因为它是一个复杂的智能体系。就好像人一样，要想解决问题，首先要采集该事物的信息之后，综合分析信息，通过分析结果给出合理的解决方案。而在物联网中，采集信息、分析信息和解决问题是分别由3个层来完成的，即感知层、网络层、应用层。每一层都有其相应的功能，各层之间又相互联系、协调工作，构成了整个物联网的体系架构，从而实现智能的功能。"

下面的讲座中，王经理将针对物联网以分层构成的形式，结合PPT来介绍物联网体系架构方面的知识。

◆ **任务呈现**

从同学们的提问来看，大家不清楚物联网的体系构架是什么，有的同学一说到分层体系，很容易联想起ISO的网络七层结构，搞不清楚二者的关系，也不清楚它们都是干什么的。

1. 物联网体系的三层结构

物联网从本质上说是以感知与应用为目的的物物互联系统，涉及网络、通信、信息处理、传感器、RFID、安全、服务技术、标识、定位、同步、数据挖掘、云计算、多网融合等众多技术领域。直接这么介绍物联网肯定让人觉得比较混乱，在业界，物联网大致被公认为有三个层次。底层是用来感知数据的感知层，中间层是数据传输的网络层，最上面则是应用层。物联网三层架构如图2-1所示。其中，公共技术不属于物联网技术的某个特定层面，而是与物联网技术架构的三层都有关系，它包括标识与解析、安全技术、网络管理和服务质量（QoS）管理等内容。

- 感知层（二维码、RFID、传感器为主，是物联网的识别系统）。
- 网络层（互联网、广电网络、通信网络的融合，是物联网的传输系统）。
- 应用层（云计算、数据挖掘、大数据、中间件等，是物联网的智能处理系统）。

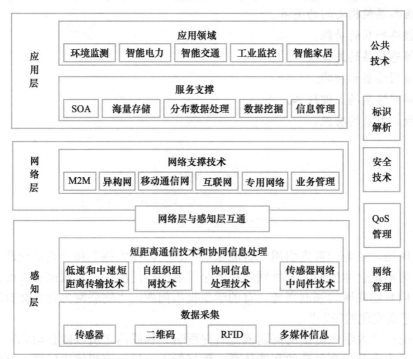

图2-1 物联网体系架构

在物联网体系构架中，三层的关系可以这样理解：感知层相当于人体的感官来感知信息；网络层相当于人体的神经中枢和大脑来传递和分析采集来的信息；应用层相当于人体的四肢来做出相应的反应活动。器官之间必须实现彼此的交流，才能使各司其职的各个器官有机结合在一起，各施所长。在各层之间，信息不是单向传递的，而是交互、可控制的，所传递的信息也是多种多样的。这其中的关键是物体的信息，包括在特定应用系统范围内能唯一标识物品和识别物品的静态与动态信息。

知识拓展

ISO的OSI七层结构（国际标准化组织定义的网络层次结构）

ISO是国际标准化组织的英语简称，OSI是一个开放性的通行系统互联参考模型。OSI模型有七层结构，每层都可以有几个子层。OSI的七层从上到下分别是：7应用层，6表示层，5会话层，4传输层，3网络层，2数据链路层，1物理层。其中，高层，即7、6、5、4层定义了应用程序的功能；下面3层，即3、2、1层主要面向通过网络的端到端的数据流。

2. 物联网三层结构与涉及的关键技术

物联网的三层体系结构虽然说起来比较笼统，但是却比较清晰地反映出物联网的整体工作流程，当然，这三层实际涉及大量的应用技术，其中比较关键的技术如图2-2所示。

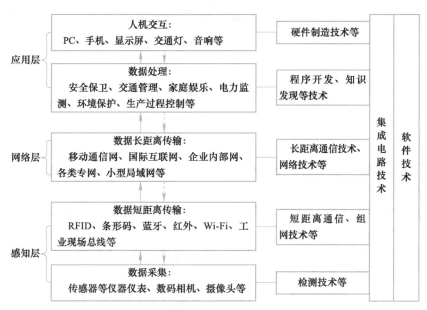

图2-2　物联网分层体系与各层关键技术

知识拓展

关于物联网体系结构分层还有另一种说法，是从逻辑层面上，将物联网架构细分为四层：感知层、接入层、网络层与应用层。

感知层：实现对物体的感知、识别和采集数据，以及控制信息等。

接入层：各种通信网络与互联网的融合体，负责大规模数据传输。

网络层：该层实现控制管理、云计算、专家系统等对信息分析处理以实现对应用层的支持。

应用层：将物联网技术与各行业应用相结合，实现智能化。物联网四层体系架构，如图2-3所示。

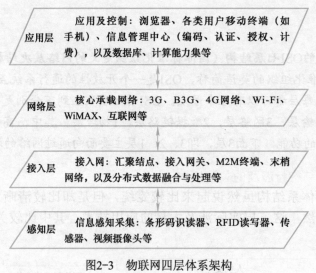

图2-3　物联网四层体系架构

任务2　物联网的触角——感知层

◆　任务描述

在讲座互动期间，有学生向王经理提问："王经理，通过您刚才的介绍，我了解到物联网的体系架构分为三层，即感知层、网络层、应用层。人是通过眼睛、耳朵、鼻子、嘴和皮肤等来看见、听到、闻到并感觉到事物的，那么物联网的感知层是如何实现感知功能的呢？"

王经理："是的，同学们，人有人的感官，物联网如果要采集信息也有物联网的感官，即感知层。下面我在讲座中，将先介绍一下物联网的第一个层次——感知层的功能，以及这个层次里面应用到的几项关键性技术。"

讲座的下一阶段，王经理将结合PPT向学生介绍感知层的功能及其关键性技术。

◆　任务呈现

感知层处于三层架构的最底层，是物联网发展和应用的基础，具有物联网全面感知的核心能力。作为物联网最基本的一层，感知层承担着信息采集的任务，具有十分重要的作用。没有感知层，物与物之间的信息是无法获取的。

感知层由数据采集子层、短距离通信技术和协同信息处理子层组成。其中，数据采集子层通过各种类型的传感器获取现实世界中发生的物理事件和数据信息，如各种物理量、标识、音视频多媒体数据。物联网的数据采集涉及传感器、RFID、多媒体信息采集、二维码和实时定位等技术。短距离通信技术和协同信息处理子层将采集到的数据在局部范围内进行协同处理，以提高信息的精度，降低信息冗余度，并通过具有自组织能力的短距离传感网接入广域承载网络。感知层中间件技术旨在解决感知层数据与多种应用平台间的兼容性问题，包括代码管理、服务管理、状态管理、设备管理、时间同步、定位等。

1. 感知层的功能

感知层解决人类世界和物理世界的数据获取问题。它首先通过传感器、数码相机摄像头等设备采集外部物理世界的数据，然后通过RFID、条形码、工业现场总线、蓝牙、红外等短距离传输技术传递数据，最后由应用层对相应任务做出智能分析判断并发出操作指令。

在物联网中感知的"物"不是生活中的一般"物"，而是应该有相应的信息接收器和发送器、数据传输通路、数据处理芯片、操作系统、存储空间等的"物"，遵循物联网的通信协议，在物联网中有可被识别的标识的"物"。物联网只要为每一件物体植入一个"能说会道"的高科技的感应器，没有生命的物体就都可以变成"有感受、有知觉"的物联网中的"物"了。

例如，一台普通的洗衣机可能无法知晓洗的是什么类型的衣服及衣服的重量，但是假设给洗衣机安装相应的传感器，那么这种洗衣机可以通过传感器"知晓"所洗的是什么性质的衣服，然后对水温和洗涤方式设置要求，最后自动设置出该如何洗衣服的程序，然后再根据该程序自动放水洗衣。

在工业和农业等生产领域，物联网传感器的应用更加广泛。例如，在农业领域对土壤设置传感器可以轻松地获得土壤的温度、湿度、密度等信息，进而根据要求自动采取措施调节以上指标，达到作物生长所需的最合理的条件。在物联网中，传感器发挥着类似人类社会中语言的作用，借助这种特殊的语言，人和物体、物体和物体之间可以相互感知对方的存在、特点和变化，从而进行"对话"与"交流"。

2. 感知层的关键技术

（1）传感器技术

传感器技术是研究从自然信源获取信息，并对之进行处理（变换）和识别的一门多学科交叉的现代科学与工程技术，传感技术的核心即传感器，它是负责实现物联网中物与物、物与人信息交互的必要组成部分。

获取信息靠各类传感器，传感器的种类五花八门，有各种物理量、化学量或生物量的传感器。传感器的功能与品质决定了传感系统获取自然信息的信息量和信息的质量，是高品质传感技术系统的第一个关键。

传感器的种类比较多，生活中接触到的传感器一般有温度传感器、湿度传感器、振动传感器、光感传感器、位移传感器、流量传感器、压力传感器、节气门位置传感器、发动机转速传感器等。图2-4为野外田间感知温度、风速、湿度的传感器。图2-5为温室大棚里的二氧化碳传感器和温湿度传感器。

图2-4 温度、风速、湿度的传感器

图2-5 二氧化碳传感器和温湿度传感器

（2）射频识别（RFID）技术

射频识别技术简称RFID，是一种非接触式的自动识别技术，可以通过无线电信号自动识别目标并读写相关数据，也可识别高速运动的物体。RFID技术可识别高速运动物体并可同时识别多个电子标签，操作快捷方便。识别工作无须人工干预，可适用于各种恶劣环境。射频识别系统通常由"电子标签"（见图2-6）和阅读器（见图2-7）组成。电子标签内存有一定格式的电子数据，常以此作为待识别物品的标识性信息。

应用中将电子标签附着在待识别物品上，作为待识别物品的电子标记，阅读器与电子标签可按约定的通信协议互传信息，通常的情况是由阅读器向电子标签发送命令，电子标签根据收到的阅读器的命令，将内存的标识性数据回传给阅读器。这种通信是在无接触方式下，利用交变磁场或电磁场的空间耦合及射频信号调制与解调技术实现的。

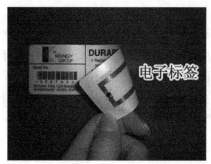

图2-6 电子标签

图2-7 阅读器

RFID技术已经在身份证、图书馆、电子收费系统和物流管理等领域有了广泛的应用。在很多大城市，乘坐轨道交通时，只需要一次购买一张带有电子标签的电子车票，就可在不同线路间轻松换乘；在很多大卖场和超市，RFID标签可以有效地防止有人把没有付款的货物带走；在医院里，刚出生的婴儿长相都很相似，很容易引起认错宝宝的误会，可以给宝宝佩戴有RFID电子标签的腕带来帮助识别，从而避免出错。

（3）全球定位系统（GPS）

GPS又称为全球定位系统，是具有海、陆、空全方位实时三维导航与定位功能的新一代卫星导航与定位系统。GPS是由空间星座、地面控制和用户设备三部分构成的。

GPS测量技术能够快速、高效、准确地提供点、线、面要素的精确三维坐标及其他相关信息，具有全天候、高精度、自动化、高效益等显著特点，广泛应用于军事、民用交通（船舶、飞机、汽车等）、大地测量、摄影测量、野外考察探险、土地利用调查、精确农业及日常生活（人员跟踪、休闲娱乐）等不同领域的导航与定位，如图2-8和图2-9所示。

图2-8　车联网信息传递

图2-9　车载定位及导航系统

知识拓展

中国北斗卫星导航系统（BeiDou Navigation Satellite System，BDS）

北斗卫星导航系统是中国自行研制的全球卫星导航系统，是继美国全球定位系统（GPS）、俄罗斯格洛纳斯卫星导航系统（GLONASS）之后第三个成熟的卫星导航系统。北斗卫星导航系统（BDS）和美国GPS、俄罗斯GLONASS、欧盟GALILEO，是联合国卫星导航委员会已认定的供应商。

北斗卫星导航系统由空间段、地面段和用户段3部分组成，可在全球范围内全天候、全天时为各类用户提供高精度、高可靠定位、导航、授时服务，并具短报文通信能力，已经初步具备区域导航、定位和授时能力，定位精度10m，测速精度0.2m/s，授时精度10ns。

（4）自动识别技术

自动识别技术就是应用一定的识别装置，通过被识别物品和识别装置之间的接近活动，自动地获取被识别物品的相关信息，并提供给后台的计算机处理系统来完成相关后续处理的一种技术。该技术将计算机、光、电、通信和网络多种技术融为一体，实现了物品的跟踪与信息的共享，从而给物体赋予智能，实现人与物及物与物之间的沟通和对话。

自动识别技术主要包括光符号识别技术、语音识别技术、生物计量识别技术、智能卡技术、条形码技术、无线射频识别技术（RFID），如图2-10～图2-13所示。前面已经介绍过了RFID，这里简单介绍条形码技术和智能卡技术。

例如，早期的条形码（一维条码）及后来的二维码在商业流通领域很早就开始应用。商场的条形码扫描系统就是一种典型的自动识别技术。售货员通过扫描仪扫描商品的条形码，就可以通过数据库获取商品的名称、价格，输入数量，后台POS系统即可计算出该批商品的价格，从而完成消费结算。而常用的RFID电子标签及智能卡更是在物联网应用领域有广泛的使用。

图2-10 条形码

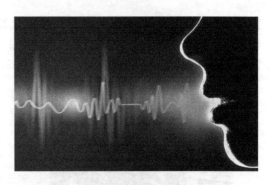

图2-11 声音识别

图2-12 人脸识别

图2-13 指纹识别

知识拓展

　　智能卡（Smart Card）是一种内嵌有微芯片的塑料卡的通称。一些智能卡包含一个RFID芯片，所以不需要与读写器进行任何物理接触就能够识别持卡人。智能卡配备有CPU和RAM，可自行处理数量较多的数据而不会干扰到主机CPU的工作。智能卡还可过滤错误的数据，以减轻主机CPU的负担。智能卡适应于端口数目较多且通信速度需求较快的场合。

　　（5）EPC（全球产品电子代码编码体系）
　　物联网中，大量物品将在各类应用系统中通过代码对每个单个产品进行唯一标识和高效识别及全程跟踪管理。为满足这一市场需求，美国麻省理工学院AutoID中心在美国统一代码委员会（UCC）的支持下，提出了产品电子代码（EPC）的概念，EPC技术是条形码技术应用的延伸和拓展。EPC的载体是RFID电子标签，并借助互联网来实现信息的传递。
　　EPC旨在为每一件单品建立全球的、开放的标识标准，实现全球范围内对单件产品的跟踪与追溯，从而有效提高供应链的管理水平，降低物流成本。EPC是一个完整的、复杂的、综合的系统。
　　例如，一罐啤酒生产之后被标识上唯一身份的EPC电子编码，出厂后配送到超市，顾客拿到这罐啤酒后不用再排队等候结账，而只走出超市就行了，因为商品电子标签标识和跟踪功能会将它的信息自动登录到商场计价系统，货款也自动从顾客的消费者信用卡上扣除了。
　　与此同时，这个商品的流动过程也被跟踪记录下来，工厂少了一件产品需要再生产，超市货架上少了一罐啤酒需要再进货补架。物联网的系统分布广泛，高速传输，生产厂商及超市直接准确地获取此产品销售情况，及时调整生产及供应。

EPC系统建立在EPC技术基础上，它是集编码技术、RFID技术和网络技术为一体的新型技术，其系统也由以下3部分构成：

1）无线传感网WSN。无线传感器网络（Wireless Sensor Networks，WSN）是一种分布式传感网络，它的末梢是可以感知和检查外部世界的传感器。由于采用无线方式通信，因此，网络设置灵活，设备位置可以随时更改，还可以跟互联网进行有线或无线方式的连接，通过无线通信方式形成的一个多跳自组织网络。

WSN的发展得益于微机电系统（Micro-Electro-Mechanism System，MEMS）、片上系统（System on Chip，SoC）、无线通信和低功耗嵌入式技术的发展。

无线传感器网络应用非常广泛，可广泛采集包括地震、电磁、温度、湿度、噪声、光强度、压力、土壤成分，以及移动物体的大小、速度和方向等周边环境参数，所以能够广泛应用于军事、航空、防爆、救灾、环境、医疗、家居、工业、商业等领域。无线传感网络的工作原理如图2-14所示。

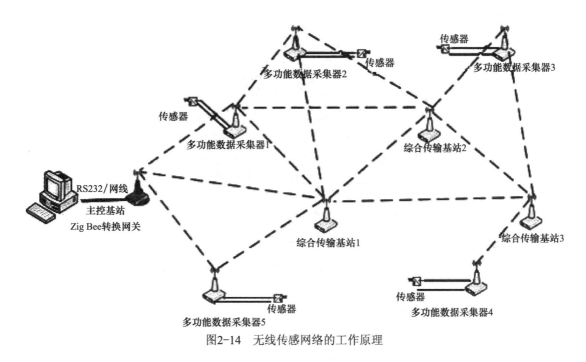

图2-14　无线传感网络的工作原理

任务3　物联网数据的传输——网络层

◆　任务描述

在讲座进行中，同学们认真地听着王经理的介绍，并不时地提着问题。有个学生问王经理："王经理，您好。通过您刚才的介绍，我们对物联网的感知层及其相关的关键性技术有所了解，它是物联网的第一层，负责采集信息，采集来的信息交给网络层直接传输就可以了，那网络层不就是一些线路吗？这层作用应该说相对简单了吧？"

王经理回答说："物联网的三个层都很重要，互相不可以替代，感知层确实在物联网中占有举足轻重的作用。但物联网应用最终的目的是来解决问题并实现生活中的智能化应用的，这样才能体现物联网真正的价值。感知只是第一步，如果没有一个强大的网络体系来可靠传输，那就不能实现最终的物物相联，并最终实现在各个领域的应用。"

讲座的下一阶段，王经理将结合PPT向学生介绍网络层的功能及其关键性技术。

◆ **任务呈现**

物联网的网络层是在现有网络的基础上建立起来的，它与目前主流的移动通信网、国际互联网、企业内部网、各类专网等网络一样，主要承担着数据传输的功能，特别是当三网融合后，有线电视网也能承担数据传输的功能。网络层主要关注来自于感知层的、经过初步处理的数据经由各类网络的传输问题。这涉及智能路由器，以及不同网络传输协议的互通、自组织通信等多种网络技术。物联网所采用的网络技术如图2-15所示。

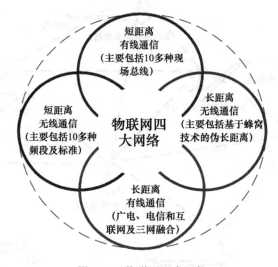

图2-15 物联网四大网络

1. 网络层及其功能

物联网的网络层将来自感知层的各类信息通过基础承载网络传输到应用层，这就要求网络层能够把感知层感知到的数据无障碍、高可靠性、高安全性地进行传送，它是指通过各种电信网络和互联网融合，对接收到的感知信息进行实时远程传送，实现信息的交互和共享，并进行各种有效的处理。同时，网络层将承担比现有网络更大的数据量和面临更高的服务质量要求，所以，现有网络尚不能满足物联网的需求，这就意味着物联网需要对现有网络进行融合和扩展，利用新技术以实现更加广泛和高效的互联功能。

网络层首先应实现可靠传递，在这一过程中，通常需要用到现有的电信运行网络，包括无线网络和有线网络。由于传感器网络是一个局部的无线网，因而无线移动通信网是作为承载物联网的一个有力的支撑。

例如，物联网如果与移动通信中的3G网络技术相结合，将会改变人们的生活方式，使之更加便捷安全。又如，在电力抄表系统中，可以在电表内植入电子标签，将该电子标签与用户3G手机相连，使手机与电表系统形成一个狭义的"物联网"，达到"随时随地查看"的效果，如图2-16所示。

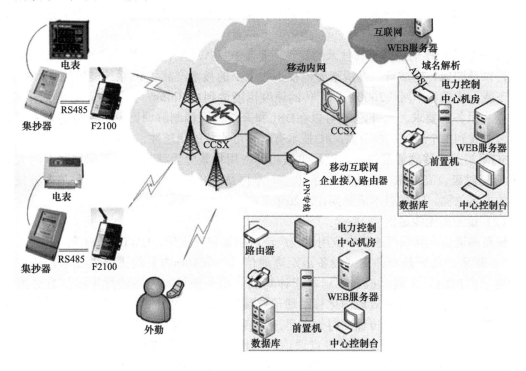

图2-16　3G智能抄表采集系统

2. 网络层的关键技术

由于物联网网络层是建立在互联网和移动通信网等现有网络基础上，除具有目前已经比较成熟的如远距离有线、无线通信技术和网络技术外，为实现物物相连的需求，物联网网络层综合使用IPv6、2G/3G/4G、Wi-Fi等通信技术，实现有线与无线的结合、宽带与窄带的结合、感知网与通信网的结合。

从用户角度看，可以使用的接入技术包括：蜂窝移动无线系统，如3G；无绳系统，如DECT；近距离通信系统，如蓝牙和DECT数据系统；无线局域网（WLAN）系统；固定无线接入或无线本地环路系统；卫星系统；广播系统，如DAB和DVB-T；ADSL和Cable Modem。低功耗广域网络（LPWAN）等也日趋成熟，成为物联网通信基础。

（1）移动通信技术

移动通信（Mobile Communication）是移动体之间的通信，或者移动体与固定体之间的通信。移动体可以是人，也可以是汽车、火车、轮船、飞机等在移动状态中的物体。移动通信系统由两部分组成：空间系统和地面系统（卫星移动无线电台和天线与基站）。

移动通信系统从20世纪80年代诞生以来，到2020年将大体经过5代的发展历程，早期的1G到2G属于低速数据传输阶段，而3G到4G则属于高速数据传输阶段。到4G阶段，除蜂窝电话系统外，宽带无线接入系统、毫米波LAN、智能传输系统（ITS）和同温层平台

（HAPS）系统将投入使用。

3G（第三代移动通信）也称IMT 2000，最基本的特征是智能信号处理技术，支持语音和多媒体数据通信，如高速数据、慢速图像与电视图像等。第三代移动通信系统的通信标准共有W-CDMA，CDMA2000和TD-SCDMA三大分支，共同组成一个IMT 2000家庭，成员间存在相互兼容的问题，因此已有的移动通信系统不是真正意义上的个人通信和全球通信。

4G是第四代移动通信及其技术的简称，是集3G与WLAN于一体并能够传输高质量视频图像，以及图像传输质量与高清晰度电视不相上下的技术产品。4G系统能够以100Mbit/s的速度下载，比拨号上网快2000倍，上传的速度也能达到20Mbit/s，并能够满足几乎所有用户对于无线服务的要求。此外，4G可以在DSL和有线电视调制解调器没有覆盖的地方部署，然后再扩展到整个地区。很明显，4G技术有着不可比拟的优越性。

5G即第五代移动通信技术，国际电联将其应用场景分为移动互联网和物联网两大类。5G具有低时延、高可靠、低功耗等特点。5G不再是单一的无线接入技术，而是多种技术集成后的方案总称。5G的技术成熟期在2020年左右。

（2）短距离无线通信

短距离通信在物联网通信中应用比较广泛，主要包括蓝牙、UWB、NFC等。

1）蓝牙。蓝牙是一种支持设备短距离通信（一般10m内）的无线电技术，能在包括移动电话、PDA、无线耳机、笔记本式计算机、相关外设等之间进行无线信息交换。利用"蓝牙"技术，能够有效地简化移动通信终端设备之间的通信，也能够简化设备与互联网之间的通信，从而数据传输变得更加迅速和高效。蓝牙采用分散式网络结构及快速跳频和短包技术，支持点对点及点对多点通信，工作在全球通用的2.4GHz ISM（即工业、科学、医学）频段。其数据速率为1Mbit/s。采用时分双工传输方案实现全双工传输，使用IEEE802.15协议。

例如，在物联网中，在一些设备之间采用蓝牙技术通信，可以去掉设备与设备之间的令人讨厌的连接电缆而通过无线使其建立通信。打印机、PDA、计算机、传真机、键盘、游戏操纵杆及所有其他的数字设备都可以成为蓝牙系统的一部分。

2）UWB（Ultra Wideband）。UWB又名超宽带，是一种无载波通信技术，利用纳秒至皮秒级的非正弦波窄脉冲传输数据。通过在较宽的频谱上传送极低功率的信号，UWB能在10m左右的范围内实现数百兆bit/s至数千兆bit/s的数据传输速率。此外，UWB具有抗干扰性能强、传输速率高、系统容量大和发送功率非常小的特点。UWB系统发射功率非常小，通信设备用小于1mW的发射功率就能实现通信。低发射功率大大延长系统电源工作时间。而且，发射功率小，其电磁波辐射对人体的影响也会很小。

总的来说，UWB在早期被用来应用在近距离高速数据传输，近年来国外开始利用其亚纳秒级超窄脉冲来做近距离精确室内定位，如LocalSense无线定位系统。

3）近场通信技术（Near Field Communication，NFC）

NFC技术由非接触式射频识别（RFID）演变而来，由Philips（飞利浦）半导体、Nokia（诺基亚）和索尼共同研制开发，其基础是RFID及互联技术，是一种短距高频的无线电技术，在13.56MHz频率运行于20cm距离内。其传输速度有106 kbit/s、212 kbit/s或424 kbit/s三种。目前，近场通信已通过成为ISO/IEC IS 18092国际标准、ECMA-340标准与ETSI TS 102

190标准。NFC采用主动和被动两种读取模式。

NFC在单一芯片上结合感应式读卡器、感应式卡片和点对点的功能，能在短距离内与兼容设备进行识别和数据交换。例如，采用支持NFC的手机就可以实现手机支付。目前，这项技术在日本和韩国被广泛应用。手机用户凭着配置了支付功能的手机就可以实现其多种功能，支持NFC的手机可以用作机场登机验证、大厦的门禁钥匙、交通一卡通、信用卡、支付卡等。

（3）Wi-Fi

Wi-Fi（无线保真）是一种可以将个人计算机、手持设备（如平板电脑、手机）等终端以无线方式互相连接的技术。Wi-Fi可以改善基于IEEE 802.11标准的无线网路产品之间的互通性。有人把使用IEEE 802.11系列协议的局域网就称为Wi-Fi，甚至把Wi-Fi等同于无线网际网路（Wi-Fi是WLAN的重要组成部分）。

无线网络上网可以简单地理解为无线上网，几乎所有智能手机、平板电脑和笔记本式计算机都支持Wi-Fi，其是当今使用最广的一种无线网络传输技术。Wi-Fi实际上就是把有线网络信号转换成无线信号。而目前在物联网领域，特别是智能家居领域，采用基于Wi-Fi的无线智能路由或支持Wi-Fi通信的智能家居主机，可以实现各类传感信号的收发，是一种比较实用的智能家居实现方案。Wi-Fi结构应用如图2-17所示。

图2-17　Wi-Fi结构应用

（4）ZigBee技术

ZigBee译为"紫蜂"，是一种近距离、低复杂度、低功耗、低速率、低成本的双向无线通信技术。其目标是建立一个无所不在的传感器网络，主要用于距离短、功耗低且传输速率不高的各种电子设备之间进行数据传输及典型的有周期性数据、间歇性数据和低反应时间数据的传输。

ZigBee适用于自动控制和远程控制领域，可以嵌入到各种设备中，是可靠的安全无线网络技术，是一种介于无线标记技术和蓝牙之间的技术提案，主要用于近距离无线连接。它依据802.15.4标准，在数千个微小的传感器之间相互协调实现通信。这些传感器只需要很少的能量，以接力的方式通过无线电波将数据从一个网络结点传到另一个结点，所以，通信效率非常高。

ZigBee网络的3种拓扑形式如图2-18所示。

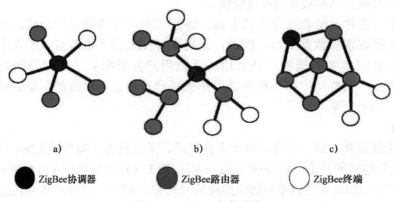

ZigBee协调器　　●ZigBee路由器　　○ZigBee终端

图2-18　ZigBee拓扑结构

a）星形结构　b）树形结构　c）网状结构

任务4　物联网功能的具体实现——应用层

◆　**任务描述**

讲座持续了一个多小时，王经理中场休息后继续回到会场。同学们热情不减，有学生问："王经理您好。通过介绍，我们明白了网络层将感知层获取到的信息进行传递和处理，类似于人体结构中的神经中枢和大脑，功能真是强大啊，那最后一个应用层是怎么样实现应用的呢？"

王经理："大家理解得对，我们的层次体系构架由低向高排列分别是感知层、网络层、应用层。应用层主要根据前两层获取并处理的信息及分析到的结果做出智能化实现。这个起到智能化实现功能的就是应用层，下面我们来看看吧。"

下面的时间里，王经理结合PPT向学生介绍关于物联网应用层的功能及应用。

◆　**任务呈现**

简单地说，物联网是一个智能的网络，面对采集的海量数据，必须通过智能分析和处理才能实现智能化。智能处理是指利用云计算、模糊识别等各种智能计算技术，对随时收到的跨地域、跨行业、跨部门的海量数据和信息进行分析处理，提升对物理世界、经济社会中各种活动和变化的洞察力，实现智能化的决策和控制。

在物联网三层中，应用层是物联网和用户（包括人、组织和其他系统）的接口，它与行业需求结合，实现物联网的智能应用。物联网通过应用层实现信息技术与各行业专业应用的深度融合。

1. 应用层的定义与功能

应用层主要包括服务支撑层和应用子集层。物联网的核心功能是对信息资源进行采集、开发和利用。服务支撑层的主要功能是根据底层采集的数据，形成与业务需求相适应、实时更新的动态数据资源库。

物联网涉及面广，包含多种业务需求、运营模式、技术体制、信息需求、产品形态均不同的应用系统。因此，统一、系统的业务体系结构才能够满足物联网全面实时感知、多目标业务、异构技术体制融合等需求。各业务应用领域可以对业务类型进行细分，包括绿色农业、工业监控、公共安全、城市管理、远程医疗、智能家居、智能交通和环境监测等各类不同的业务服务，根据业务需求的不同，对业务、服务、数据资源、共性支撑、网络和感知层的各项技术进行裁剪，形成不同的解决方案；该部分可以承担一部分呈现和人机交互功能。

应用层将为各类业务提供统一的信息资源支撑，通过建立、实时更新可重复使用的信息资源库和应用服务资源库，各类业务服务根据用户的需求组合，使得物联网的应用系统对于业务的适应能力明显提高。该层能够提升对应用系统资源的重用度，为快速构建新的物联网应用奠定基础，满足在物联网环境中复杂多变的网络资源应用需求和服务。

物联网通过感应芯片和RFID时时刻刻获取人和物体的最新特征、位置、状态等信息。这些信息将使网络变得更加"博闻广识"。更为重要的是，利用这些信息，人们可以开发出更高级的软件系统，使网络能变得和人一样"聪明睿智"，不仅可以眼观六路、耳听八方，还会思考、联想，做出智能行动，如图2-19所示。

图2-19　物联网的应用

例如，交通管理部门现在可以通过电子警察、摄像头、雷达测速装置、搁在地面上的地感线圈监测车流量、抓拍超速等，但是做不到安全预警。驾驶人在开车上桥时是无法看到桥另一端情况的，如果这时候另一端有一个人在过马路，就难免会发生交通事故，而如果在马路下面安装了传感器结点（其寿命可以长达7年），并与车上的传感网终端或手机相连接，一旦有人过马路，马上就会通过传感网告诉驾驶人，就能避免灾难的发生。

有人测算过，提前几秒钟制动就可避免90%以上的交通事故，而我国每年因交通事故死亡达七八万人。使用传感器，汽车行驶在道路上就可以随时检测出车流量、车速甚至车辆形状。当驾驶人驾驶在路上，不用听收音机中的路况信息，只要通过传感器就能了解实时路况。当驾驶人因超速而不可以避免地发生事故时，事故数据会及时发送给后台数据管理中心，使用云计算进行智能化处理。

2. 应用层的关键技术

应用层的任务是对网络层传输过来的数据进行处理，并通过终端设备与人进行交互。

物联网的主要功能是将用户端的所有需要的信息互通互联，实现全方位的远程识别、读取和操控、互动。

应用层可分两个子层：一个是云应用层，进行数据挖掘、存储、计算和处理；另一个是终端人机世界，主要负责信息的显示。物联网的应用层涵盖自然界的方方面面，如工业、农业、物流、环保、交通、银行、医疗等国民经济和社会领域。

物联网虽然是物物相连的网，但最终要以人为本，需要人的操作与控制。物联网的终端与系统的交互已不仅是以前的人与计算机的交互，而是应用程序中的所有设备与人的交互，主要侧重于管理端，如软件、智能控制技术等。

（1）云计算

云计算是将各种资源通过整合、抽象后提供给用户的一种产业模式及技术体系的总称，其核心就是集中计算资源、分布式存储、分布式并行计算，处理效率得到充分发挥，用于千变万化的应用，实现IT架构中的资源抽象和简化，经过资源整合而形成简洁的资源池。

在开放式的物联网环境中，由于海量业务数据产生了巨大压力，终端增长迅速，终端关联数据增加，应用自定义数据迅速增加，传统的硬件环境难以支撑。同时，运营商长期积累了大量闲置的计算能力和存储能力，有必要加以利用，这也是绿色环保的需要。

于是，人们发明了用更好更多的服务器将大量服务器连接起来，每个操作请求都可以按照一定的规则分割成小片段，分给不同的机器同时运算。每个机器其实只要做很小的计算就可以，最后将这些机器的计算结果整合，输出给用户。对于用户来说，他面对的不是许多机器，而是计算能力巨大无比的单个机器。事实上这个服务器是不存在的，但它拥有着成千上万台服务器的能力，这就是云计算。

云计算就是这个道理，它意味着计算能力也可以作为一种商品进行流通，就像水、电、煤气、暖气一样，取用方便，费用低。最大的不同在于，它是通过互联网进行传输的，而不是各种管道。云计算的工作原理如图2-20所示。

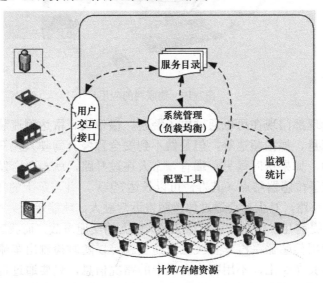

图2-20　云计算的工作原理

实际上，工作的过程没这么简单，哪怕是统计收集资料的过程也会占据大量的处理时间，这就将云计算的任务进一步划分下去，即哪个服务器干什么，处理哪个任务段。这个其实可以由算法安排成自动分配。总之，提高每一个步骤的潜力，让服务器集群一起完成一项任务，自然能飞速达成。

（2）数据挖掘技术（数据处理技术）

数据挖掘（Data Mining）是从大量的、不完全的、有噪声的、模糊的、随机的数据中提取隐含在其中的、人们事先不知道的但又是潜在有用的信息和知识的过程。

随着信息技术的高速发展，人们积累的数据量急剧增长，动辄以TB计，如何从海量的数据中提取有用的知识成为当务之急。数据挖掘就是为顺应这种需要而发展起来的数据处理技术，其工作流程如图2-21所示。

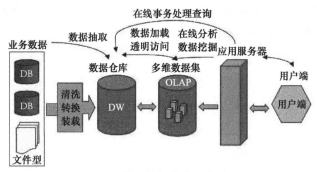

图2-21 数据挖掘技术工作流程

（3）中间件

物联网中存在大量异构系统，为解决异构系统之间的访问，人们一般采用中间件来实现。中间件是一种独立的系统软件或服务程序，分布式应用软件借助这种软件在不同的技术之间共享资源。中间件位于客户机/服务器的操作系统之上，管理计算机资源和网络通信，是连接两个独立应用程序或独立系统的软件。相连接的系统，即使它们具有不同的接口，但通过中间件仍能相互交换信息。执行中间件的关键途径是信息传递。通过中间件，应用程序可以工作于多平台或OS环境，以便于运行在一台或多台机器上的多个软件通过网络进行交互。

中间件能够屏蔽操作系统和网络协议的差异，为应用程序提供多种通信机制，并提供相应的平台以满足不同领域的需要。因此，中间件为应用程序提供了一个相对稳定的高层应用环境。中间件在系统中的应用如图2-22所示。

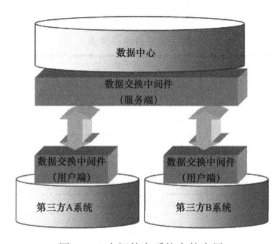

图2-22 中间件在系统中的应用

4）M2M

M2M是Machine to Machine（机器对机器）的缩写，有时候也被解释为Man to Machine（人对机器）。物联网就是物与物相连，M2M就是物联网的第一步，它将多种不同类型的通信技术有机地结合在一起，将数据从一台终端传送到另一台终端，如图2-23所示。M2M不是什么新概念，也是司空见惯的现象，如我们上班用的门禁卡、超市的条形码扫描和目前比较流行的NFC手机支付。多年以前，日本的NEC公司在M2M方面已经做了很多宣传和工作，并推出了一些全球领先的M2M产品，成功地应用在很多领域。

M2M是一个点，或者一条线，只有当M2M规模化和普及化，并且彼此之间通过网络来实现智能的融合和通信，才能形成物联网。所以，星星点点的、彼此孤立的M2M并不是物联网，但M2M的终极目标是物联网。

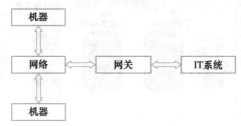

图2-23　M2M技术的基本框架

◆　项目能力巩固

1．简述物联网体系架构的三个层次及各层功能。
2．三个层次中每个层次有哪些关键性技术？
3．物联网和无线传感网是什么关系？
4．云计算在物联网中解决了什么问题？
5．Wi-Fi技术的特点是什么？
6．请举例说明个人生活中物联网应用到哪些地方。

◆　单元知识总结与提炼

本项目首先阐述了物联网三层架构，并着重介绍了每个层的功能及它们之间的关系；又在每个层次里简要介绍了该层所用到的关键性技术，为后续章节内容做出铺垫。

项目学习自我评价表

能力	学习目标	核心能力点	自我评价
职业岗位能力	物联网三层架构	掌握物联网三层架构的具体内容	
		掌握三个层次之间的关系	
	感知层的功能及关键性技术	掌握感知层功能	
		掌握传感器技术	
		了解射频识别（RFID）技术	
		了解自动识别技术	
		了解GPS技术	
		了解EPC（全球产品电子代码编码体系）	
		知道无线传感网WSN	

（续）

能力	学习目标	核心能力点	自我评价
职业岗位能力	网络层的功能及关键性技术	掌握网络层功能	
		理解移动通信技术	
		掌握短距离无线通信（蓝牙、UWB、NFC）	
		掌握网络层功能	
		了解Wi-Fi	
		了解ZigBee	
	应用层的功能及关键性技术	掌握应用层功能	
		理解云计算机	
		了解数据挖掘技术	
		知道中间件技术	
		知道M2M技术	
通用能力	沟通表达能力		
	解决问题能力		
	综合协调能力		

　　王经理参与的《走进智慧城市》电视节目做得非常成功，某大型连锁超市的张老板对节目中提到的物联网新技术非常感兴趣，就到迈联公司找到王经理进行技术咨询，想让自己的超市跟物联网也连接起来。

　　王经理向张老板描述了一个美好场景——智慧超市。供应商收到超市配送中心的订单后会组织发送货物，货物运抵配送中心后，系统会自动实现货物清点。在超市内部，顾客只要通过手持一个"私人购物助理"终端，这个终端上将显示出顾客要购买商品的名单，并能准确显示出每个商品的所在位置及商品的重量等信息。当顾客购物结束经过出口时，系统会自动清点购物车中的货物并迅速生成购物清单，这样顾客在收银台可以直接付款并结束购物，节省了目前条形码系统需要收银员逐一扫描货物的时间。顾客以后到超市购物再也不用排长队来结账了，如图3-1所示。张老板的超市要变得智能起来，就要依靠物联网感知识别设备和识别技术RFID。

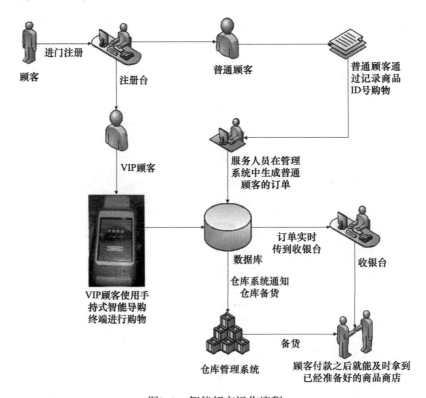

图3-1　智能超市运作流程

在本项目的学习中，将主要介绍一些自动识别和感知技术，主要包括条形码技术，RFID技术的发展历程、应用现状、技术基础和主要设备，以及RFID技术的应用实例。

学习目标与重点

- 了解条形码技术。
- 了解RFID技术的发展历程。
- 初步掌握RFID系统的基本构成、工作原理和技术特点。
- 掌握各类射频标签和RFID设备的主要特性和用途。
- 重点掌握RFID技术的应用现状和典型应用案例。

任务1　认识条形码技术

◆　**任务描述**

张老板："现在超市已经使用条形码扫描并通过POS机收银，库存也是通过扫条形码来进行盘点，这样的识别跟你说的智能识别有什么不同吗？"

王经理："要了解这个问题，就得先介绍一下超市现在使用的扫码技术是怎么回事了。超市商品的外包装上都印有一组黑白相间的条纹，出售商品时，只要扫描这个条纹，就能知道其代表的是什么商品，售价是多少，这组条纹就是一种商品通行于国际市场的"共同语言"，是商品进入市场和超市的"通行证"，是全球统一标识系统和商业语言中最主要的标识之一，被称为条形码，也就是条码。

◆　**任务呈现**

说到这条形码技术的由来，还得从一个故事说起。三十多年前的一天，一位名叫道森的购物者走进Marsh（马什）超市，购买了一包箭牌口香糖，扫条形码后付钱，这在今天稀疏平常的事，当时却是一个标志性事件，由此，条形码迎来了它的里程碑，从此走到人们的生活之中。

1. 探究条形码技术的前世今生

第二次世界大战之后，美国经济快速发展，各类规模宏大的超市面临一个巨大的问题，他们无法精确掌握库存情况，唯一的办法是手工清理，但耗时又费力，他们向德雷赛尔大学求助，恰巧被伍德兰德得知，于是，伍德兰德（见图3-2）开始与自己的朋友苏沃（Bernard Silver）一起研究这个解决方案。

图3-2　条形码的发明者诺曼·伍德兰德（Norman Woodland）

伍德兰德发明的第一条条形码不是由线条构成的，而是由一组同心圆组成的，并通过照片扫描器读取。它形如箭靶，美国人称其为"公牛眼"。这种编码没有方向性，它的识别原理和现在所使用的条形码几乎完全一致。图3-3中标出的是表示不同数字的黑白条纹组合。遗憾的是，以美国当时的工艺和经济水平，还没有能力大批量印制出这种条形码。

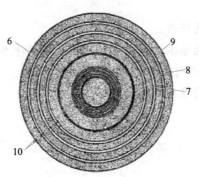

图3-3 "公牛眼"条形码

人们目前所知的第一个商用条形码出现于1966年，但人们很快就意识到应该为其制定出一个行业标准。美国统一编码协会建立了UPC码系统，并且实现了该码制的标准化。UPC码首先在杂货零售业中试用，俄亥俄州的Marsh超级市场安装了由NCR（IBM公司的前身）制造的第一台UPC扫描器。

第一个被收银员扫描的是标价69美分的十片装箭牌口香糖。直到现在，都不可否认的是，正是零售业的成功应用才促进了条形码技术的发展。目前，全球每天大约要扫描80亿次条形码。据一项研究报告表明，条形码每年仅在超市和大众零售领域就能为客户、零售商和制造商节约300亿美元的时间成本和效益成本。

2. 认识条形码

条形码是一种供光电扫描器识读且由计算机自动识别的特殊代码，深色为条，浅色为空，将宽度不等的多个黑条和空白按照一定的编码规则排列，用以表达一组信息的图形标识符。常见的条形码是由反射率相差很大的黑条（简称条）和白条（简称空）排成的平行线图案。条形码可以标出物品的生产国、制造厂家、商品名称、生产日期、图书分类号、邮件起止地点、类别等许多信息，因而在商品流通、图书管理、邮政管理、银行系统等许多领域都得到广泛的应用。

如今，徜徉在琳琅满目的商品市场中，只要稍加注意就会发现许多商品的外包装都印有粗细不同、平行的黑线条图案，这就是条形码（一维条形码）。在超市里买完东西，结账时不用收银员逐件地计算价格，只需要拿着商品对着一个小仪器扫一下便知商品的价格，实现快速结算，整个过程只花几秒钟的时间，这便是条形码的功劳。

商品条形码是一个全球统一的庞大的系统，这个系统的名字叫GS1。条形码相当于商品的身份证，领到"身份证"的商品，在全球范围内不会与其他的商品发生冲突，仅凭它身上小小的条形码，就可以知道是哪个国家的哪个厂家的产品。

有很多人认为只要有条形码，就一定能查到商品的厂家。其实不然，条形码有很多类型，有些是企业自己方便管理而编的条形码，它是不能辨别产品的生产厂家的。只有符合GS1标准的商品条形码，才能准确表示商品的信息。在全球范围内，只有四种条形码属于商品条形码：

（1）EAN-13码

EAN-13码是最为普遍的一种商品条形码，外形如图3-4所示。

图3-4　EAN-13码

条形码所表示的就是下面的数字，一共13位。前三位叫前缀码，表示条形码所属的国家或地区。我国大陆所使用的前缀码是690～695。我国的香港特区使用489，台湾省使用471，澳门特区使用958。包含前缀码在内的前若干位叫厂商识别码，具体位数由条形码使用国家自己规定，我国规定的是前7～8位，690和691开头的是前7位，692和694开头的是前8位。厂商识别码之后直到第12位的部分叫产品项目代码，表示企业自己不同的产品。最后一位叫校验码，用来检查扫描到的数字是不是有错误。

例：

6903148 03035 6——6903148：厂商识别码；03035：产品项目代码；6：校验码。

69235552 1099 8——69235552：厂商识别码；1099：产品项目代码；8：校验码

温馨提示

商品条形码只用于商品的标识，没有防伪功能。如果上网查到的条形码信息与商品上的标注不符肯定是假的，但查到的信息相符也不能说明就是真的，条形码的印刷完全可以仿造。

（2）EAN-8码

EAN-8码也叫商品缩短码，只有8位数字，用在小型商品的包装上。条形码外形如图3-5所示。

图3-5　EAN-8码

（3）UPC-A条形码

UPC-A条形码是只用于北美地区的一种条形码，由12位数字组成，条形码外形如图3-6所示。

（4）UPC-E条形码

UPC-E条形码是国内比较少见的一种条形码格式，只有8位数字，是UPC-A的一种特殊形式，外观如图3-7所示。

图3-6　UPC-A条形码　　　　　　图3-7　UPC-E条形码

疑难解析

商品条形码的条与空

不要小看条与空之间的微小差距，两者之间哪怕相差1mm的距离，就代表着不一样的商品信息。如图3-8所示，这两件商品都是同一厂家生产的，它们的条形码也只是尾数相差了两位数，所代表的商品就不一样了：一个是原味，另一个是香辣味。

图3-8　不同的条形码代表不同的商品

答疑解惑

如何知道产品是哪个厂家生产的

一般来说，商品上除了条形码之外，还要有生产厂家的信息，如果用户不放心想核实一下，用以下方法可以核查：

中国大陆的条形码到以下地址核查：http://www.ancc.org.cn/Service/query Tools/Internal.aspx，在"厂商识别码"后输入条形码的厂商识别码部分（690和691开头的是前7位，其他的是前8位）。

如果是国外的条形码，可以到以下网站查询：http://www.ancc.org.cn/Service/query Tools/External.aspx。

3．了解条形码的构成

以最常见的EAN-13码为例，来看看条形码的结构。EAN-13码的每个字符的条与空分别由若干个模块组配而成，一个模块宽的条表示二进制1，一个模块宽的空表示二进制0。

EAN-13码由左侧空白区、起始符、左侧数据符、中间分隔符、右侧数据符、校验符、终止符、右侧空白区及供人识别字符组成，如图3-9所示。

图3-9　EAN-13码的构成

左侧空白区：位于条形码符号最左侧的与空反射率相同的区域，最小宽度为11个模块宽。

起始符：位于条形码符号左侧空白区的右侧，表示信息开始的特殊符号，由3个模块组成。

左侧数据符：位于起始符号的右侧，是平分字符的特殊符号，由5个模块组成。

中间分隔符：位于左侧数据符的右侧，是平分条形码字符的特殊符号，由5个模块组成。

右侧数据符：位于中间分隔符的右侧，表示5位数字信息的一组条形码字符，由35个模块组成。

校验符：位于右侧数据符的右侧，表示校验码的条形码字符，由7个模块组成。

终止符：位于条形码符号校验符的右侧，表示信息结束的特殊符号，由3个模块组成。

右侧空白区：位于条形码符号最右侧的与空的反射率相同的区域，最小宽度为7个模块宽。

在张老板的超市中，几乎所有的商品都使用条形码识别系统，顾客选定商品后，收银员只要把商品包装上的条形码对着扫描读写器，计算机就能自动查询售价并做收款累计，如图3-10所示。当顾客选定商品的所有条形码都经过扫描后，计算机也就立即报出总价并把购物清单打印出来。这样，超市只需要配备少量的收银员便能迅速、准确地完成结账、收款等工作，既方便消费者，也为超市本身改善管理、提高销售效率、降低销售成本创造了条件。

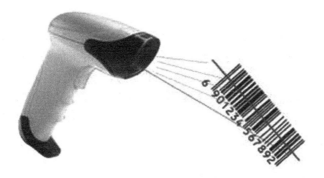

图3-10　使用条形码枪扫描条形码

就批发、仓储运输部门而言，通过使用条形码技术，商品分类、输送、查找、核对、情况汇总迅速、准确，能缩短商品流通和库内停留时间，减少商品损耗。在商品包装上使用符合国际规范的条形码，能在世界各国的商场内销售，出口厂商就有可能及时掌握自己产品在国际市场的需求情况、价格动态和其他有关信息，有利于不断改进商品的生产和销售，因而可进一步促进国际贸易的发展。不少国家和地区为了适应商品流通的需求，限定在商品包装上必须印刷条形码标志，否则不准进口。因此，条形码在国际包装上的应用已成为包装现代化的一个重要内容。

4. 各类条形码的应用空间

条形码在很多行业都有广泛应用，如快递公司、商品零售。此外，条形码在医疗卫生行业应用也很广泛，如医疗条形码管理系统。

条形码在医疗行业的应用主要有病房管理、病历管理、诊断和处方管理、化验管理和药品管理等几个主要部分，按软件功能可分为移动查房子系统、移动护理子系统、药品管理子系统、及时通信与定位子系统。条形码作为信息传递载体，实现了对医院日常业务中的病历、住院费用、药品和药库、器械等物流和信息流的实时跟踪，帮助医院实现从粗放式经营向精细化、规范化管理转型，提高医院的竞争能力和经济效益，如图3-11所示。

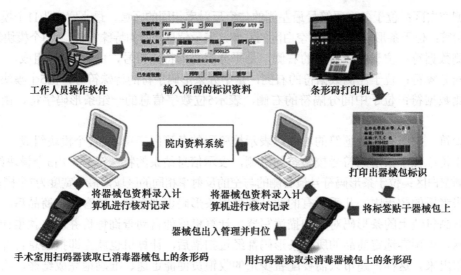

图3-11　医疗条形码管理系统

（1）病房管理

通过条形码打印机为住院病患制作带有条形码腕带、条形码病床标识的标签。这样可以实现移动查房，诊疗人员通过无线终端扫描病人腕带上的条形码，可以方便地调出病人的电子病历，准确、快速地掌握病人的全部信息，利于医生处理各种情况，并且将患者的当前状况和处理情况暂时记录在无线终端，事后跟计算机联网实现批处理传输至信息中心，及时反馈给主治医师，提高工作效率。通过条形码标签快速识别病患，使信息的采集、传输和管理更加快速和准确。

（2）病历管理

记录患者的有关信息后，通过条形码打印机为病历标识条形码标签，通过条形码标签快速、准确地识别病历类型。

（3）处方管理

处方由主治医师开出，通过条形码打印机为病历标识条形码标签，通过条形码标签快速、准确地识别关于处方的配药情况、用药记录。不同的处方有不同的条形码，以区分一人多处方的情况，在配药的时候将与处方一起核对是否正确。

（4）药品管理和器械管理

药品是医疗活动的核心物流体。药房在收到收费处的确认付费信息后，根据药单配选药品，并逐一扫描药品架上的条形码跟处方进行核对，防止配错药品，同时减去当前药品库存数量，便于院领导随时掌握库存变化。药房在扫描读取患者登记卡的条形码信息确认身份后，将药发给患者。

知识拓展

除了条形码，日常生活中还有其他的识别应用。

磁条卡也属于识别应用。目前，国内几乎所有的银行卡都是磁条卡。所谓磁条卡，就是利用磁道记录信息的卡片，银行卡上的长条就是磁条。当在商场刷卡时，银行卡里面存储的信息被读进收银系统中。相对于条形码而言，磁条卡存储的信息量有所增加，其存储了用户账号、卡片有效期、发卡行标识等信息。

按照国际规范，每张磁条卡里面有3条磁道，按顺序被编为磁道1、磁道2、磁道3。为什么要有3条磁道呢？主要是为了在某个磁道出现问题时可以改用别的磁道，提高卡片容错能力。在国内，目前只用到磁道2和磁道3。刷卡过程中，优先读取磁道2的数据，当磁道2出现问题时，系统会自动读取磁道3的数据。当然，如果两个磁道都有问题，就只能找银行重新换卡了。

5. 探寻条形码新技术——二维码技术

人们日常见到的印刷在各种商品外包装上的条形码是一维条码，也就是平常所说的传统条形码。由于受信息容量的限制，一维条码仅仅是对"物品"的标识，而不是对"物品"的描述，所以一维条码的使用不得不依赖数据库的存在。在没有数据库和不便联网的地方，一维条码的使用受到了极大的限制，有时甚至变得毫无意义。另外，要用一维条码表示汉字的场合，显得十分不方便，并且效率很低。

随着现代高新技术的发展，为了解决一维条码无法解决的问题，二维码产生了。二维码出现于20世纪80年代末，是条形码技术发展中一个质的飞跃。二维码在与一维条码同样的单位面积上的信息含量是一维条码的近百倍，它不但可以存放数字，而且可以直接存放包括汉字在内的所有可以数字化的信息，如文字、图片、声音、指纹等。二维码的出现是条形码技术发展史上的里程碑，从质的方面提高了条形码技术的应用水平，从量的方面拓宽了应用领域。在经济全球化、信息网络化、生产国际化的当今社会，作为信息交换、传递的介质，二维码技术有着非常广阔的应用前景。

知识拓展

什么是二维码

二维码又称二维条码，二维码最早发明于日本，它是用某种特定的几何图形按一定规律在平面（二维方向上）分布的黑白相间的图形；用来记录数据，是所有信息数据的一把钥匙。在代码编制上巧妙地利用构成计算机内部逻辑基础的"0""1"比特流的概念，使用若干个与二进制相对应的几何形体来表示文字数值信息，通过图像输入设备或光电扫描设备自动识读以实现信息自动处理。它具有条形码技术的一些共性：每种码制有其特定的字符集；每个字符占有一定的宽度；具有一定的校验功能等。同时，二维码还具有对不同行的信息自动识别功能、处理图形旋转变化等特点。

现存的二维码有很多种，根据二维码的生成原理和结构形状，可分类为行排式二维码和矩阵式二维码。行排式二维码是在一维条码的基础上，通过两行或多行高度截短后的一维条码的堆积，在增加行识别、错误纠正等特性的基础上来实现信息表示的，常见的如PDF 417码、Code 49码和Code 16K码，如图3-12所示。

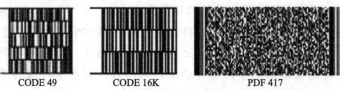

图3-12　行排式二维码

矩阵式二维码在结构形状上具有矩阵的特征。它以计算机图像处理技术为基础，在矩阵相应元素位置上，用点（方点、圆点等）的出现表示二进制的"1"，点的不出现表示二进制的"0"，点的不同排列组合表示矩阵式二维码所表示的数据信息。常见的矩阵式二维码如Data Matrix码、QR码、Code One码、Maxi Code 和汉信码，目前微信等使用比较多的是QR码，如图3-13所示。

图3-13　矩阵式二维码

随着条形码技术的成熟应用和智能手机终端的发展，二维码已经几乎可以被市面上所有的主流智能手机软件所识别，二维码相关营销推广也越来越受国内企业的重视，国内外众多二维码相关的应用在这几年也雨后春笋般出现，从另一侧面也印证了这个市场还有巨大的商机等待挖掘。图3-14为二维码的各种应用领域。

图3-14　二维码的各种应用领域

　　假冒伪劣产品使国家、企业和消费者都蒙受了严重的损失。打假是为了保护国家、企业与消费者的利益，是正当、有序竞争的必然要求。一个名牌产品如果不采用有效的防伪手段，可能会受到大量伪造产品的冲击，大大破坏产品的形象。

　　产品条形码防伪管理系统可帮助企业对关键商品在分销网络中的有序流动实现严格的监督和控制，提高企业的渠道管理水平，降低和规避渠道风险，如图3-15所示。系统通过应用加密型二维码技术，对关键商品进行精确和保密的标识，通过外地分支机构的商品核查职能，可有效杜绝产品跨区销售和窜货，防范假冒伪劣的冲击。

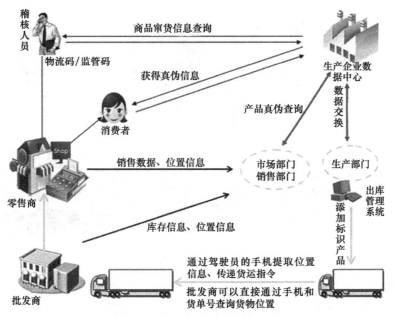

图3-15　条形码防伪防窜货系统

　　张老板的超市当然不能错过二维码这么先进的技术。基于二维码主动识别技术的条形码应用解决方案，主要由主动识别和被动识别模块、二维码制码平台、手机客户端、数据统计模块4大部分组成。利用二维码的信息量大、纠错能力强、识读速度快、保密性和防伪性较好等特点，主要实现为食品/水果生产溯源、食品防伪查询、扫码上网、扫码购物、名片识别、广告效果统计等方面提供完善的解决方案。图3-16为二维码应用的设计思路。

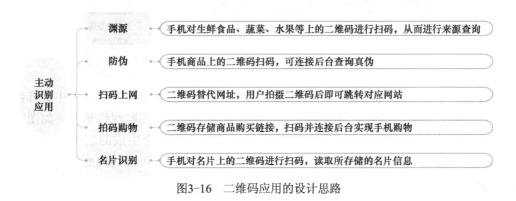

图3-16　二维码应用的设计思路

二维码在超市中的应用场景（见图3-17）主要包括：

用户通过Web端制码平台制码（可个性化定制），在商品、食物、广告、名片等多种渠道上投放二维码。

手机用户通过手机扫码软件对二维码进行扫码，查询、获取相关信息，或者跳转至对应网站，或者下载等其他操作。

系统进行二维码使用记录，并进行相关二维码的数据统计和数据挖掘，形成相应数据报告用于分析，实现二维码的再次精准投放。

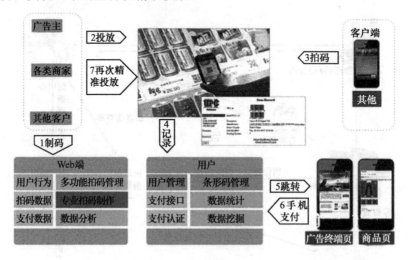

图3-17 二维码的应用场景

张老板的超市搞店庆大促销的消息想让更多的人知道，王经理帮张老板制作了一个超市的二维码，以方便人们通过扫描二维码的方式随时了解超市的促销消息，操作步骤如下：

打开百度搜索"二维码在线生成器"，会看到百度应用，其中有百度推荐的二维码生成器，如图3-18所示。

图3-18 搜索出的二维码生成器

单击第一个"二维码生成"图标，进入二维码生成器应用界面，在选项中选择网址，在文本框中输入超市的网址，调整条形码的颜色和渐变颜色，调整纠错等级，如图3-19所示。单击"保存到本地"，一个网址二维码就做好了，将这个生成的二维码图片印刷到超市的宣传海报上（见图3-20），顾客通过扫描这个二维码就可以访问到张老板的超市网站，方便以后随时了解超市的促销信息了。

图3-19　生成超市二维码

图3-20　超市促销海报

任务2　射频识别技术

◆　任务描述

王经理："逢年过节，超市的收银台也一定是那样的情景吧——结账排起的长龙，收银员不停地扫描购买的每件商品，遇到"扫"不出来时，不得不手工操作，输入商品的序号，然后收款、找零、装袋。在长长的队列中，顾客会不时发出不耐烦的感叹声。"

57

张老板："是啊，现在的技术那么发达，超市购物结账却还那么不智能，有什么解决的方法吗？"

王经理："当然有啊，用了我推荐给您的这个技术，以后当顾客走进超市按需选取商品后，就可以免去排队和付款等一切烦琐的手续，更没有商品伪劣假冒之忧。这就是物联网带给我们的购物方便。这一购物过程的完成，都依赖于今天我向您推荐的技术——射频识别技术。"

◆ **任务呈现**

当射频识别技术（RFID技术）整合于不同读取系统，并配合应用在各种智慧型商品陈列架、Kiosk查询机等，通过无线网络与互联网可结合后端企业营运管理系统，借由RFID自动辨识功能与即时资讯服务，可提供下列创新功能与效益：

1）动态销售情报与顾客行为的资料分析，掌握消费者喜好。同时，整合电子标签，提供远距价格调整功能，确实执行定价策略。

2）企业形象与广告，并即时掌握生产（备料）与销售管理。

3）商品库存动态情报，新产品市场测试资料，最佳配送与调货管理。

4）门市卖场自动化与有效空间利用，并有效规划店面布置与黄金架位。

5）透过展示设备进行商品自动介绍，备品自动盘点与补货通知，减少门市/卖场销售人员的工作负担，同时降低架上缺货率。

6）提供消费者愉快的购物体验，随时接触最新商品的资讯，并通过互动、新奇的科技，提升服务的周全度与满意感。

1. 探究神秘的RFID技术

射频识别技术（Radio Frequency Identification，RFID）又称电子标签，是一种通信技术，可通过无线电信号识别特定目标并读写相关数据，而无须在识别系统与特定目标之间建立机械或光学接触。

RFID是20世纪90年代开始兴起的一种自动识别技术，它利用射频信号通过空间电磁耦合实现无接触信息传递，并通过所传递的信息实现物体识别。RFID既可以看作一种设备标识技术，也可以归类为短距离传输技术。RFID是一种能够让物品"开口说话"的技术，也是物联网感知层的一个关键技术。在对物联网的构想中，RFID标签中存储着规范而具有互用性的信息，通过有线或无线的方式把它们自动采集到中央信息系统，实现物品（商品）的识别，进而通过开放式的计算机网络实现信息交换和共享，实现对物品的"透明"管理。

RFID标签分为被动、半被动和主动3类。由于被动式标签具有价格低廉、体积小巧和无须电源的优点，目前市场上的RFID标签主要是被动式的。RFID技术主要用于绑定对象的识别和定位，通过对应的阅读设备对RFID标签进行阅读和识别。

知识拓展

由于RFID具有无须接触、自动化程度高、耐用可靠、识别速度快、适应各种工作环境、可实现高速和多标签同时识别等优势，因此可用于很多领域，如物流和供应链管理、门禁安防系统、道路自动收费、航空行李处理、文档追踪/图书馆管理、电子支付、生产制造和装配、物品监视、汽车监控、动物身份标识等。以简单RFID系统为基础，结合已有的网络技术、数据库技术、中间件技术等，构筑一个由大量联网的读写器和无数移动的标签组成的，比互联网更为庞大的物联网成为RFID技术发展的趋势。

2. 重走RFID技术的发展之路

RFID技术的发展可按10年为一个阶段划分，划分如下（见表3-1）：

1941～1950年，雷达的改进和应用催生了RFID技术，并发展为自动识别与数据采集技术。1948年，哈里·斯托克曼发表的《利用反射功率的通信》奠定了RFID技术的理论基础。

1951～1960年，早期RFID技术的探索阶段，主要处于实验室研究阶段。

1961～1970年，RFID技术的理论得到发展，开始了一些应用尝试。例如，用电子防盗器（EAS）来对付商场里的窃贼，该防盗器使用存储量只有1bit的电子标签来表示商品是否已售出，这种电子标签的价格不仅便宜，而且能有效地防止偷窃行为，是首个RFID技术在世界范围内的商用案例。

1971～1980年，RFID技术与产品研发处于一个大发展时期，各种RFID技术和测试得到加速，在工业自动化和动物追踪方面出现了一些最早的商业应用及标准，如工业生产自动化、动物识别、车辆跟踪等。

1981～1990年，RFID技术及产品进入商业应用阶段，开始进行较大规模的应用。但不同的国家对射频识别技术应用的侧重点不尽相同，美国关注的是交通管理、人员控制，欧洲各国则主要关注动物识别及在工商业中的应用。

1991～2000年，RFID技术的厂家和应用日益增多，相互之间的兼容和连接成为困扰RFID技术发展的瓶颈，因此，RFID技术的标准化问题为人们所重视，希望通过全球统一的RFID标准使射频识别产品得到更为广泛的应用，使其成为人们生活的重要组成部分。

知识拓展

世界上第一个开放的高速公路电子收费系统在美国俄克拉荷马州建立。车辆的RFID电子标签信息与检测点位置信息及车主的银行卡绑定在一起，存放在计算机的数据库里，汽车可以高速通过收费检测点，而不需要设置升降栏杆阻挡及照相机拍摄车牌。车辆通过高速公路的费用可以从车主的银行卡中自动扣除。目前我国的高速公路ETC系统也属于此类应用。

进入21世纪以来，RFID标签和识读设备成本不断降低，使其在全球的应用也更加广泛，应用行业的规模也随之扩大，甚至有人称之为条形码的终结者。几家大型零售商和一些政府机构强行要求其供应商在物流配送中心运送产品时，产品的包装盒和货盘上必须贴有RFID标签。除上述提到的应用外，如医疗、电子票务、门禁管理等方面，也都用到了RFID技术。

2009年8月，温家宝总理到无锡物联网产业研究院考察物联网建设工作时提出"感知中国"的概念，RFID技术必将和传感网一起构成物联网的前端数据采集平台，是物联网技术的主要组成部分。

物联网发展的空间无比巨大，预计将是互联网产业之后最有市场潜力的产业，同时为RFID技术打开了一个新的巨大的市场。有理由相信，随着RFID产品成本的不断降低和标准的统一，RFID技术将在无线传感网络、实时定位、安全防伪、个人健康、产品溯源管理等领域有更为广阔的应用前景。

表3-1　RFID技术的发展历程

时间	RFID技术的发展
1941～1950年	雷达的改进和应用催生了RFID技术，1948年奠定了RFID技术的理论基础
1951～1960年	早期RFID技术的探索阶段，主要处于实验室实验研究阶段
1961～1970年	RFID技术的理论得到了发展，开始了一些应用尝试
1971～1980年	RFID技术与产品研发处于大发展时期，各种RFID技术测试得到加速，出现了一些早期的RFID应用
1981～1990年	RFID技术及产品进入商业应用阶段，各种封闭系统应用开始出现
1991～2000年	RFID技术标准化问题得到重视，RFID产品得到广泛采用
2001年至今	标准化问题为人们所重视，RFID产品种类更加丰富，有源电子标签、无源电子标签及半无源电子标签均得到发展，电子标签成本不断降低

3.　走进RFID技术的今天

目前市场上主流的RFID产品有无源RFID产品、有源RFID产品、半有源RFID产品。无源RFID产品发展最早，也是发展最成熟和市场应用最广的产品。例如，公交卡、食堂餐卡、银行卡、宾馆门禁卡、第二代身份证等，这个在日常生活中随处可见，属于近距离接触式识别类。在远距离自动识别领域，如智能监狱、智能医院、智能停车场、智能交通、智慧城市、智慧地球及物联网等领域有重大应用。有源RFID在这个领域突起，属于远距离自动识别类。有源RFID产品和无源RFID产品的不同特性决定了各自不同的应用领域和不同的应用模式，也有各自的优势所在。图3-21展示了RFID技术在零售业、制造业、政府、医疗、物流等各个领域得到了广泛的应用。

图3-21　RFID技术在各个行业领域得到了广泛应用

目前，国内RFID成功的行业应用有中国铁路的车号自动识别系统，其辐射作用已涉及铁路红外轴温探测系统的热轴定位、轨道平衡、超偏载检测系统等。正在计划推广的应用项目还有电子身份证、电子车牌、铁路行包自动追踪管理等。在近距离的RFID应用方面，许多城市已经实现了公交射频卡作为预付费电子车票的应用，还有预付费电子饭卡等。图3-22展示了RFID技术广阔的应用领域。部分城市在智慧城市建设中将银行卡与RFID二卡合一，更好地实现了付费功能。

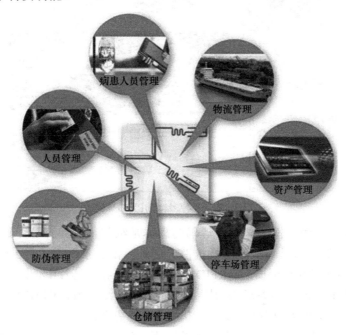

图3-22　RFID技术广阔的应用领域

知识拓展

是什么让零售商如此推崇RFID

通过采用RFID技术，沃尔玛每年可以节省约83.5亿美元，其中大部分是因为不需要人工查看进货的条形码而节省的劳动力成本。

毫无疑问，RFID有助于解决零售业两个最大的难题：商品断货和损耗（因盗窃和供应链被搅乱而损失的产品）。现在单是盗窃一项，沃尔玛一年的损失就差不多有20亿美元，如果一家合法企业的营业额能达到这个数字，就可以在美国1000家最大企业排行榜中名列第694位。研究机构估计，这种RFID技术能够帮助把失窃和存货水平降低25%。

在RFID技术研究及产品开发方面，国内已具有了自主开发低频、高频与微波RFID电子标签与读写器的技术能力及系统集成能力。与国外RFID先进技术之间的差距主要体现在RFID芯片技术方面。尽管如此，在标签芯片设计及开发方面，国内也已有多个成功的低频RFID系统标签芯片面市。

4. 了解RFID技术的优势

RFID的优点如下：

1）体积小型化、形状多样化。RFID在读取上并不受尺寸大小与形状的限制（见图3-23），不需为了读取精确度而配合纸张的固定尺寸和印刷品质。

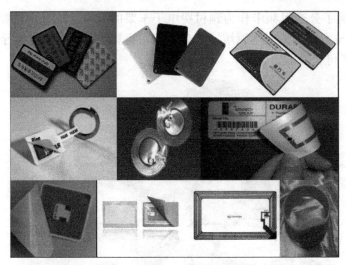

图3-23　多种多样的RFID标签

2）抗污染能力和耐久性。传统条形码的载体是纸张，因此容易受到污染，但RFID对水、油和化学药品等物质具有很强的抵抗性。此外，由于条形码是附于塑料袋或外包装纸箱上的，所以特别容易受到折损，而RFID卷标是将数据存在芯片中，因此可以免受污损。

3）可重复使用。现今的条形码印刷上去之后就无法更改，RFID标签则可以重复地新增、修改、删除RFID卷标内储存的数据，方便信息的更新。

4）穿透性和无屏障阅读。在被覆盖的情况下，RFID能够穿透纸张、木材和塑料等非金属或非透明的材质，并能够进行穿透性通信。而条形码扫描机必须在近距离且没有物体阻挡的情况下才可以识读条形码。

5）数据的记忆容量大。一维条码的容量是50B，二维条形码最大的容量可储存2～3000字符，RFID最大的容量则有数百万字节。随着记忆载体的发展，数据容量也有不断扩大的趋势。未来物品所需携带的信息量会越来越大，对卷标所能扩充容量的需求也相应增加。

6）安全性。由于RFID承载的是电子信息，其数据内容可经由密码保护，内容不易被伪造及变造。

7）RFID因其所具备的远距离读取、高储存量等特性而备受瞩目。它不仅可以帮助一个企业大幅提高货物、信息管理的效率，还可以让销售企业和制造企业互联，从而更加准确地接收反馈信息，控制需求信息，优化整个供应链。

任务3　RFID系统组成与实际应用

◆　任务描述

张老板：“RFID技术听起来还真是挺好的，我的超市也要使用这一先进的技术，要怎么实现呢？”

王经理：“超市的货品要想通过RFID技术识别，就得为每件商品制作一个电子标签，再通过专业的设备对电子标签进行扫描读取，就能实现超市货品的智能管理了，这也正是现在要为您介绍的RFID系统的组成。”

◆ **任务呈现**

1. 探究RFID系统的组成

一个RFID系统主要由射频（识别）标签、射频识别读写设备（读写器）、天线组成，通常还会有一个计算机系统，用于对标签数据进行后续处理。一个典型的RFID应用系统的结构如图3-24所示。

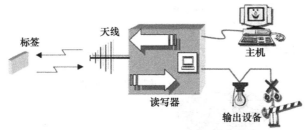

图3-24 RFID应用系统的结构

知识拓展

射频识别标签（Tag）又称射频标签、电子标签，主要由存有识别代码的大规模集成线路芯片和收发天线构成，用于存储待识别物品的标识信息。每个标签具有唯一的电子编码，附着在物体上标识目标对象。

读写器（Reader）是射频识别读写设备，是连接信息服务系统与标签的纽带，是将约定格式的待识别物品的标识信息写入电子标签的存储区中（写入功能），或者在读写器的阅读范围内以无接触的方式将电子标签内保存的信息读取出来（读出功能）。

天线用于发射和接收射频信号，往往内置在电子标签和读写器中。

疑难解析

射频标签与条形码比较：

1）射频标签可以识别单个的非常具体的物体，条形码一般只识别一类物体。

2）射频标签可以透过外部包装材料读取数据，条形码必须在无遮挡情况下正面对准扫描来读取信息。

3）利用射频标签可以同时对多个物体进行识读，而条形码只能一个一个地识读。

4）射频标签储存的信息量比条形码储存的信息量要大得多。

2. 了解RFID系统的工作原理

RFID系统的基本工作原理是：由读写器通过发射天线发送特定频率的射频信号，当电子标签进入有效工作区域时产生感应电流，从而获得能量被激活，电子标签将自身编码信息通过内置天线发射出去；读写器的接收天线接收到从标签发送来的调制信号，经天线的调制器传送到读写器信号处理模块，经解调和解码后将有效信息送到后台主机系统进行相关处理；主机系统根据逻辑运算识别该标签的身份，针对不同的设定做出相应的处理和控制，最终发出信号控制读写器完成不同的读写操作。图3-25为RFID系统的工作原理。

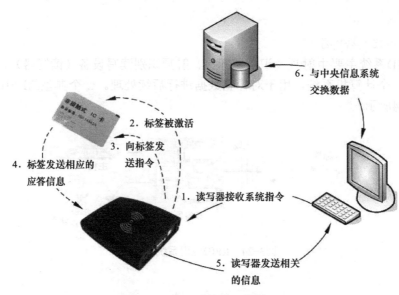

图3-25　RFID系统的工作原理

　　从电子标签到读写器之间的通信和能量感应方式来看，RFID系统一般可以分为电感耦合（磁耦合）系统和电磁反向散射耦合（电磁场耦合）系统。电感耦合系统是通过空间高频交变磁场实现耦合的，依据的是电磁感应定律；电磁反向散射耦合，即雷达原理模型，发射出去的电磁波碰到目标后反射，同时携带回目标信息，依据的是电磁波的空间传播规律。

　　电感耦合方式一般适合于中、低频率工作的近距离RFID系统，电磁反向散射耦合方式一般适合于高频、微波工作频率的远距离RFID系统。

　　3. 认识多种多样的电子标签

　　电子标签的工作频率是其最重要的特点之一。电子标签的工作频率不仅决定着射频识别系统的工作原理（电感耦合还是电磁反向散射耦合）、识别距离，还决定着电子标签及读写器实现的难易程度和设备的成本。

　　工作在不同频段或频点上的电子标签具有不同的特点。射频识别应用占据的频段或频点在国际上有公认的划分，即位于ISM波段之中。典型的工作频率有：125kHz，133kHz，13.56MHz，27.12MHz，433MHz，902～928MHz，2.45GHz，5.8GHz等。图3-26为RFID电子标签的类型。

图3-26　RFID电子标签的类型

（1）低频段电子标签

低频段电子标签简称为低频标签，其工作频率范围为30～300kHz。典型工作频率有125kHz和133kHz（也有接近的其他频率，如TI使用134.2kHz）。低频标签一般为无源标签，其工作能量通过电感耦合方式从阅读器耦合线圈的辐射近场中获得。低频标签与阅读器之间传送数据时，低频标签需位于阅读器天线辐射的近场区内。低频标签的阅读距离一般情况下应小于1m。

低频标签的主要优势体现在：标签芯片一般采用普通的CMOS工艺，具有省电、廉价的特点；工作频率不受无线电频率的管制约束；可以穿透水、有机组织、木材等；非常适合近距离的、低速度的、数据量要求较少的识别应用（如动物识别）等。

低频标签的劣势主要体现在：标签存储数据量较少；只能适合低速、近距离识别应用；与高频标签相比，标签的天线匝数更多，成本更高一些。

低频标签的典型应用有畜牧业的管理、汽车防盗、无钥匙开门、马拉松赛跑、自动停车场收费、车辆管理、自动加油、酒店门锁、门禁和安全管理、货物跟踪、容器识别、工具识别、电子闭锁防盗（见图3-27）、动物识别（见图3-28）等。

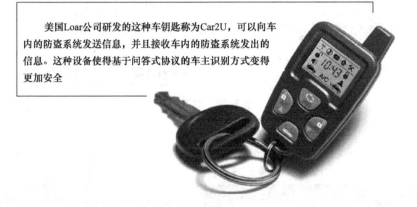

美国Loar公司研发的这种车钥匙称为Car2U，可以向车内的防盗系统发送信息，并且接收车内的防盗系统发出的信息。这种设备使得基于问答式协议的车主识别方式变得更加安全

图3-27 带有内置应答器的汽车钥匙

图3-28 动物识别电子标签

（2）中高频段电子标签

中高频段电子标签的工作频率一般为3～30MHz。典型工作频率为13.56MHz。该频段的电子标签，从射频识别应用角度来说，因其工作原理与低频标签完全相同，即采用电感耦合方式工作，所以宜将其归为低频标签类中。另一方面，根据无线电频率的一般划分，其工作频段又称为高频，所以也常将其称为中高频段电子标签。

高频电子标签一般也采用无源方式，其工作能量同低频段电子标签一样，也是通过电感（磁）耦合方式从阅读器耦合线圈的辐射近场中获得。标签与阅读器进行数据交换时，标签必须位于阅读器天线辐射的近场区内。中频电子标签的阅读距离一般情况下也小于1m（最大读取距离为1.5m）。

高频电子标签可方便地做成卡状，典型应用包括电子车票（见图3-29）、电子身份证（见图3-30）、电子闭锁防盗（电子遥控门锁控制器）等。

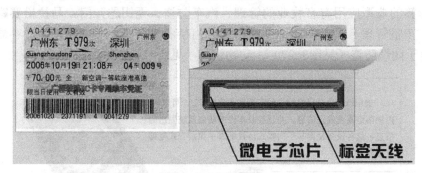

图3-29　电子车票

图3-30　内置RFID电子标签的第二代身份证

（3）超高频与微波标签

超高频与微波频段的电子标签简称为微波电子标签，微波电子标签可分为有源标签与无源标签两类，其典型工作频率为：433.92MHz、840～845MHz、920～925MHz、2.45GHz、5.8GHz。工作时，电子标签位于阅读器天线辐射场的远区场内，标签与阅读器之间的耦合方式为电磁耦合方式。阅读器天线辐射场为无源标签提供射频能量，将有源标签唤醒。相应的射频识别系统阅读距离一般大于1m，典型情况为4～7m，最大可达10m以上。阅读器天线一般均为定向天线，只有在阅读器天线定向波束范围内的电子标签可被读写。

由于阅读距离的增加，应用中有可能在阅读区域中同时出现多个电子标签的情况，从而提出了多标签同时读取的需求，进而这种需求发展成为一种潮流。目前，先进的射频识别系统均将多标签识读问题作为系统的一个重要特征。

答疑解惑

RFID电子标签的分类除了按照标签工作频率划分，还可以按照标签的供电方式划分，一般可以划分为有源标签与无源标签两类。

无源标签：标签本身无供电电池，依靠电磁场获取工作电流。

有源标签：标签本身自带供电电池，一般经过一段时间需要更换电池或废弃。

相对而言，当标签工作在有源方式时，由标签自身提供信号发送能量，因此识别距离会更远，识别精度也会更高；反过来，当标签工作在无源方式时，需要借助读写器电磁场产生工作电流，因此识别距离有限，识别精度也有所下降。当工作频率越高，信息传输距离就越远，反之亦然。

以目前的技术水平来说，无源微波电子标签比较成功的产品相对集中在902～928MHz工作频段上。2.45GHz和5.8GHz射频识别系统多以半无源微波电子标签产品面世。半无源电子标签一般采用纽扣电池供电，具有较远的阅读距离，典型应用包括铁路自动车辆识别、公路车辆自动识别、高速公路自动收费、航空包裹管理等。

微波电子标签的典型特点主要集中在是否无源、无线读写距离、是否支持多标签读写、是否适合高速识别应用，以及读写器的发射功率容限和电子标签及读写器的价格等方面。对于可无线写的电子标签而言，通常情况下，写入距离要小于识读距离，其原因在于写入要求更大的能量。

微波电子标签的数据存储容量一般限定在2kbits以内，再大的存储容量似乎没有太大的意义，从技术及应用的角度来说，微波电子标签并不适合作为大量数据的载体，其主要功能在于标识物品并完成无接触的识别过程。典型的数据容量指标有：1kbits，128bits，64bits等。由Auto-ID Center制定的产品电子代码（EPC）的容量为90bits。

微波电子标签的典型应用包括移动车辆识别、仓储物流应用、电子闭锁防盗（见图3-31）等。

图3-31 电子遥控门锁控制器

温馨提示

　　出于安全上的考虑，标签通常具备锁定（Lock）和杀死（Kill）命令，被锁定的标签，后续进行写操作时需要提供访问密钥，防止非法篡改，读操作可不提供密钥；而被杀死的标签，则无法再访问，包括读写。

　　张老板的超市如果要改造为智慧超市，则要求所有的供货商都必须为每件货物贴上纸质类型的RFID标签即可（见图3-32），顾客通过手持式的读写器或智能购物车终端就可以实现在超市的智能购物了。

图3-32　智慧超市用的电子标签

知识拓展

　　电子标签的封装形式已经很多了，它不但不受标准形状和尺寸的限制，其构成也是多种多样，主要的电子标签形式如下：

　　1）卡片类（PVC、纸、其他），如身份证、公交IC卡等。

　　2）标签类：

　　　　① 粘贴式，如航空用行李标签、托盘用标签等。

　　　　② 吊牌类，对应于服装、物品等被标识物一般采用吊牌形式。

　　3）异形类

　　　　① 金属表面设置型，多应用于压力容器、锅炉、消防器材等各类金属件的表面。

　　　　② 腕带型，可以一次性（如医用）或重复使用（如游乐场、海滩浴场等）。

　　　　③ 动物、植物使用型，封装形式可以是注射式玻璃管、悬挂式耳标、套扣式脚环、嵌入式识别钉等多种形式。

4. 认识读写器

　　读写器即射频标签读写设备，是射频识别系统的重要组成部分之一。射频标签读写设备根据具体实现功能也有一些其他较为流行的别称，如阅读器（Reader）、查询器（Interrogator）、通信器（Communicator）、扫描器（Scanner）、读写器（Reader and Writer）、编程器（Programmer）、读出装置（Reading Device）、便携式读出器（Portable Readout Device）、AEI设备（Automatic Equipment Identification Device）等。通常情况下，射频标签读写设备应根据射频标签的读写要求及应用需求情况来设计。读写器是RFID系统中最重要的基础设施，它通过天线与RFID电子标签进行无线通信，可以实现对标签识别码和内存数据的读出或写入操作。典型的读写器包含有高频模块（发送器和接收器）、控制单元及读写器天线。在物联网中，读写器将成为同时具有通信、控制和计算能力的核心设备。图3-33为读写器的基本组成。

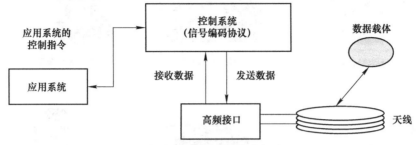

图3-33　读写器的基本组成

　　读写器可将主机的读写命令传送到电子标签，再把从主机发往电子标签的数据加密，电子标签返回的数据经解密后送到主机。读写器和标签的所有行为均由应用软件来控制完成。在系统中，应用软件作为主动方对读写器发出读写指令，而读写器则作为从动方只对应用软件的读写指令做出回应。读写器接收到应用软件的动作指令后，回应的结果就是对电子标签做出相应的动作，建立某种通信关系。电子标签响应读写器的指令，因此，相对于标签来讲，读写器就是指令的主动方。在RFID系统的工作程序中，应用软件向读写器发出读取命令，作为响应，读写器和标签之间就会建立特定的通信，读写器触发标签工作，并对所触发的标签进行身份验证，然后标签开始传送所要求的数据信息。具体说来，读写器具有以下功能：

　　1）读写器与标签之间的通信。在规定的技术条件下，读写器可与电子标签进行通信。

　　2）通过标准接口，如RS-232等，读写器可以与计算机网络连接，实现多读写器的网络通信。

　　3）读写器能在读写区域内查询多标签，并能正确识别各个标签，而且具备防碰撞功能。

　　4）能够校验读写过程中的错误信息。

　　5）对于有源标签，读写器能识别有源标签的电池信息，如电池的总电量、剩余电量等。

　　综上所述，读写器的功能包括3个主要部分：一是发送和接收功能，用来与标签和分离的单个物品进行通信；二是对接收信息进行初始化处理；三是连接主机网络，将信息传送到数据交换与管理系统。图3-34为读写器的工作原理。

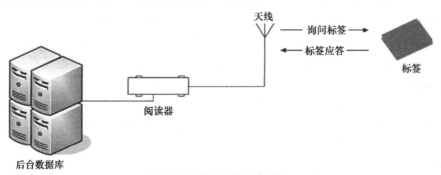

图3-34　读写器的工作原理

根据读写器不同的使用场合，可以将读写器分为几类（见图3-35）：

拱门型读写器

传送带读写器

推高器读写器

手持式读写器

智慧书架

有读写器功能的手机

图3-35　读写器的类型

1）固定式读写器：固定安装在某个作业位置，如拱门型读写器。

2）手持式读写器：分为单纯的手持标签阅读器和带有掌上计算机的阅读器。数据可以通过电缆或无线传输给计算机或网络。阅读距离较近，作为补检、抽检使用。

3）发卡器或标签注册机：标签注册时使用，实际上是一个近距离的读写器。

4）移动式读写器：可以移动的固定式读写器。可以在库房盘点等情况下使用，如传送带读写器。车载阅读器属于移动读写器。

5）工业读写器：特殊场合应用的读写器，如防水等。

5．认识读写器天线

天线是一种以电磁波形式将前端射频信号功率接收或辐射出去的设备，是电路与空间的界面器件，用来实现导行波与自由空间波能量的转化。在RFID系统中，天线分为电子标签天线和读写器天线两大类，分别承担接收能量和发射能量的作用。

在确定的工作频率和带宽条件下，天线发射射频载波，并接收从标签发射或反射回来的射频载波。目前，RFID系统主要集中在低频（135kHz）、高频（13.56MHz）、超高频（840～845MHz、920～925MHz）和微波频段（2.45GHz），不同工作频段的RFID系统天线的原理和设计有着根本上的不同。RFID读写器天线的增益和阻抗特性会对RFID系统的作用距离等产生影响，RFID系统的工作频段反过来对天线尺寸及辐射损耗有一定要求。所以，RFID天线设计的好坏关系到整个RFID系统的成功与否。

RFID系统读写器天线的特点是：够小，以至于能够贴到需要的物品上；有全向或半球覆盖的方向性；给标签的芯片提供最大可能的信号；无论物品什么方向，天线的极化都能与读卡机的询问信号相匹配；有鲁棒性；价格便宜。

RFID系统的天线主要有偶极子天线、微带贴片天线、线圈天线等。偶极子天线的辐射能力强，制造工艺简单，成本低，具有全向方向性，通常用于远距离RFID系统；微带贴片天线的方向图是定向的，但工艺较复杂，成本较高；线圈天线用于电感耦合方式，适合于近距离的RFID系统。

温馨提示

　　在选择读写器天线时应考虑的主要因素有：天线的类型；天线的阻抗；应用到物品上的射频性能；在有其他物品围绕贴标签的物品时射频的性能。

任务4　RFID技术的应用实例

◆　任务描述

　　张老板："RFID技术听起来真是挺神奇的，目前应用到底如何？有哪些成功的应用实例呢？"

　　王经理："RFID技术已经有了较长的应用历史，RFID标准也日趋完备。随着RFID技术在安全性方面的进展及成本的不断降低，其潜在的应用价值正逐步展现出来，下面我就从防伪领域、公共安全领域和医疗卫生领域几个方面来为您一一介绍。"

◆　任务呈现

1．探寻RFID在防伪领域的应用

　　长期以来，假冒伪劣商品不仅严重影响着国家的经济发展，还威胁着企业和消费者的切身利益。为保护企业和消费者的利益，保证社会主义市场经济健康发展，国家和企业每年都要花费大量的人力和财力用于防伪打假。然而，国内市场采用的防伪技术绝大部分仍然是在纸基材料上做文章，例如，激光防伪、荧光防伪、磁性防伪、温变防伪、特种制版印刷等，这些技术在一段时间内一定程度上发挥着防伪的作用，但到目前为止，上述防伪技术还不完善，其技术不具备唯一性和独占性，易复制，从而不能起到真正防伪的作用。

　　射频识别技术（RFID）防伪与其他防伪技术，如激光防伪、数字防伪等技术相比，其优点在于：每个标签都有一个全球唯一的ID号码——UID，UID是在制作芯片时放在ROM中的，无法修改、无法仿造；无机械磨损，防污损；读写器具有保证其自身的安全性等性能。

　　（1）RFID在票券防伪中的应用

　　2010年世博会在上海举办，对主办者、参展者、参观者、志愿者等各类人群有大量的信息服务需求，包括人流疏导、交通管理、信息查询等，RFID系统正是满足这些需求的有效手段之一。世博会的主办者关心门票的防伪；参展者比较关心究竟有哪些参观者参观过自己的展台，关心的内容和产品是什么及参观者的个人信息；参观者想迅速获得自己所要的信息，找到所关心的展示内容；而志愿者需要了解全局，去帮助需要帮助的人。这些需求通过RFID技术能够轻而易举地实现。参观者凭借嵌入RFID标签的门票入场，并且随身携带。每个展台附近都部署有RFID读取器，这样对参展者来说，参观者在展会中走过哪些地

方，在哪里驻足时间较长，参观者的基本信息等就了然于胸了，当参观者走近时，参展者可以更精确地提供服务。同时，主办者可以在会展上部署带有RFID读取器的多媒体查询终端，参观者可以通过终端知道自己当前的位置及所在展区的信息，还能通过查询终端追踪到走失的同伴信息。图3-36为上海世博会RFID门票的使用流程。

RFID技术实现了将票面的各类信息存储到芯片中，并嵌入到纸张内部，有效地保证了大会门票的防伪安全。观众进场时只需把手中的门票在RFID电子检票仪器上轻轻一刷就能快速通过检验，系统同时将持票者何时入场、座位区域等信息进行详细记录。

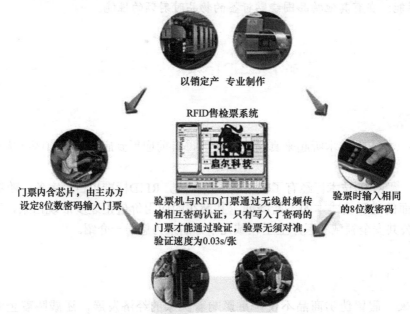

图3-36　上海世博会RFID门票的使用流程

RFID电子门票科技含量高、运行稳定、安全高效，并经历过重大赛事的检验，与传统门票技术相比除了具有不可替代的防伪特性外，更为现场的管理、安全及突发应急处置提供基础数据的支撑，该技术将成为今后大型体育文化活动票务系统的最佳选择。图3-37为RFID电子门票在体育比赛中的应用结构。

（2）RFID小芯片开启物流防伪平台

早在2008年，五粮液集团就开始启动关于食品物流流通安全物联网管理平台项目的研发。如今，一套具有国内自主知识产权的重大技术发明——CPK秘钥管理算法为核心，以一维码、二维码、RFID智能标识为载体，对商品身份识别及流通过程各物理和逻辑结点的智能信息交互物联网的研发系统建立，让五粮液集团在物联网这个新战场上占领了属于自己的一片战略高地。

2009年，五粮液集团订购了2000万个RFID标签。外界都以为这不过是五粮液对付仿冒的新招，却不知道RFID的引入作用远不仅仅于此。在中国，每个省份的五粮液售价都不相同，导致了大量的跨省倒卖行为和销售体系的混乱。而在RFID标签被贴上后，每瓶五粮液从生产、运输、销售的全过程都可以在RFID中读出。当所有销售网点都被要求装上RFID读写设备时，每瓶五粮液的状况都得到了监控，从而有力地打击窜货，维护了市场秩序。

2013年5月27日，上海市酒类专卖管理局按照国家商务部的相关要求和安排，举办五粮液及相关酒类产品溯源查询设备的启用仪式，首批5台设备分别放置在上海市酒类专卖管理局、上海市酒类功能服务区（即上海市酒类检测中心）、麦德龙、大润发及食品一店。据悉，五粮液集团自2009年以来生产的20余款约5亿瓶中高档酒，瓶身内均含有独一无二的"芯片"。此外，一瓶酒的身份信息是分别藏于包装盒、瓶口标签及瓶盖之中的，几个信息相互关联，缺一不可。今后，消费者只要将贴了RFID标签的五粮液及相关酒类商品瓶身靠近这些溯源查询设备的感应区，就可自动获取该款酒品的净含量、生产线、生产日期、物流码等信息，如图3-38所示。

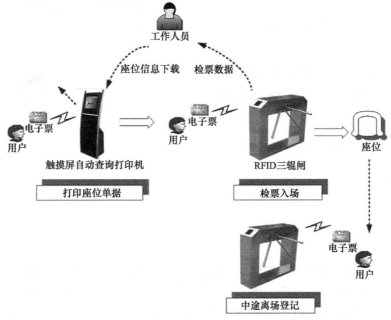

图3-37　RFID电子门票在体育比赛中的应用结构

这个标签天线有一个特别的技术，当贴到酒瓶盖上以后要撕下来极其困难，撕下来会把天线给撕坏，撕下来以后芯片会脱离，脱离了以后要把这个芯片再放到天线上去也是极其困难的，而且成本极高。因此，这个标签是一个传统的防伪技术和RFID防伪标签的有效结合。而RFID智能标识只是一个载体，它背后所折射出的是物联网，这个科技信息时代的智能信息交互新体系。

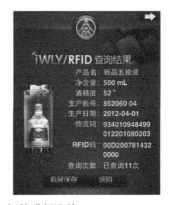

图3-38　五粮液使用RFID标签进行防伪

（3）第二代居民身份证

近几年来，全国各地利用假身份证进行犯罪的事件屡有发生，使得国家一些重要部门遭受严重的损失，而公安机关却由于缺乏翔实的资料，影响了打击力度。因此，改进现有的居民身份证，是提高公安部门执法力度的有效方法之一。我国的第二代居民身份证正是在此背景下应运而生的。

第二代居民身份证（见图3-39）采用RFID技术制作，即在身份证卡内嵌入RFID芯片，内嵌芯片保存了证件本人（包括人像相片在内）的9项信息，芯片采用符合ISO/IEC 14443-B标准的13.56MHz的电子标签。使用证件的单位利用第二代身份证可以机读信息的特性，将第二代居民身份证内存储的信息读入相关单位、企业的信息应用系统，既快捷、便利，又准确。

图3-39　第二代居民身份证样本正面和背面

 知识拓展

第二代居民身份证内嵌芯片的破解成本极高，这使得证件造假变成不可能，只要通过读卡机自动识别芯片的信息，便可知道真假。目前，有关用证单位和工作人员对核查持证人的证件真伪不再困难，在读卡机自动识别的基础上加以比对，便可轻松、便捷地确认持证人的身份。在现实生活中，人们在投宿旅店、办理医疗保险、搭乘民航班机、出入境登记、办理金融业务及参加各类考试等活动时，均统一使用第二代居民身份证。

2. 探寻RFID在公共安全领域的应用

（1）手机+RFID让农产品随时带着"身份证"

目前日本已有一半以上的农副生鲜食品店摆售"能看见面容的食品"，食品来自日本全国上千个产地的上万名生产者。"能看见面容的食品"只限定于日本国产的农产品和水产品，公开生产者的照片等信息是为了让消费者买得放心，吃得安心。图3-40为RFID技术在食品链中的应用。

近年来，世界上相继发生的诸多危及人身健康的畜禽及其产品的食品安全事件，如英国的"疯牛病事件"、比利时的"二噁英事件"、日本的"O157暴发流行事件"、"口蹄疫事件"及2003年的"SARS事件"和2004年波及多个国家和地区的"禽流感事件"等。一系列大的肉与肉制品安全性事件产生的损失相当巨大，造成的后果也十分严重。

美国政府规定食用牛必须佩戴电子标签。采用RFID技术对畜禽进行跟踪，获得食品供应链中肉类食品与其动物来源之间的联系，可以追查到肉类食品的来源，达到为人们提供放心食品的目的。

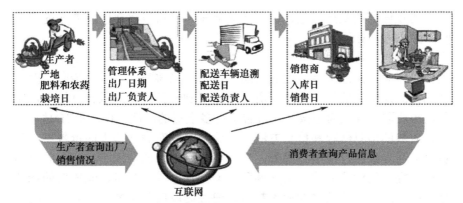

图3-40　RFID技术在食品链中的应用

北京市食品安全监督协调办公室于2006年提出在重点养殖基地通过对动物产品佩戴耳标、脚标，在屠宰、生产和流通各环节运用RFID技术以实现畜产品养殖、收购、屠宰、分割、运输、销售的信息记录，形成追溯档案，以便跟踪。

上海市建立了基于RFID技术的猪肉监控系统，在猪耳上打上电子射频耳标记录生猪的饲料、病历、喂药、转群、检疫等信息。在进入主要市境道口和屠宰场使用RFID卡进行"点对点"监管，确保生猪进入指定的屠宰场。在批发市场，通过电子标签，记录进场交易的猪肉的来源地、交易时间、食用农产品安全检测结果。

（2）RFID技术在矿山安全管理中的应用

矿井危险性事故时有发生，井下复杂的环境给人员撤离和事故抢救带来极大困难，若能及早确定井下人员所处的位置，会给营救工作带来极大方便，将人员损失减至最小。采用RFID自动识别技术对井下人员、设备进行跟踪定位，在一定程度上能够保障人员的生命安全、减少财产的损失。将阅读器安装在井下一些重要的峒室、危险区等需要监控的地方，分布区域的大小可视井下具体环境而定。射频识别卡可以内嵌在安全帽中，无须附加携带装备。在井下，员工只要穿过感应区域，阅读器就将接收到的数据经传输电缆传送到地面中心站，处理后保存到数据库服务器中。图3-41为RFID在矿井管理中的应用。

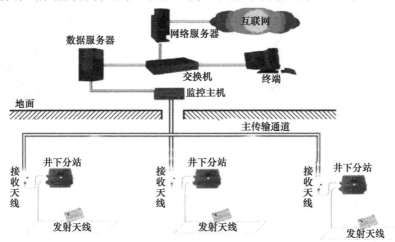

图3-41　RFID在矿井管理中的应用

3. 探寻RFID在医疗卫生领域的应用

RFID技术的诞生，无疑会将医疗行业的服务水平提升到一个新的高度。RFID既可以在药品供应链中防止假药的生产流通，保证药品质量，又可以优化医院方面的服务流程，缩短就诊时间，保证病人安全。

（1）医疗监护的应用

将病人信息印制在医疗卡上，由病人随身携带，当该病人入院诊治时，医院只需用二维码扫描器扫描医疗卡上的标签信息，所有数据不到一秒钟就进入计算机中，完成病人的入院登记和病历获取，因此为急救病人节省了许多宝贵的时间。由于RFID技术提供了一个可靠、高效、省钱的信息储存和检验方法，因此，医院对急诊病人的抢救不会延误，更不会发生伤员错认而导致医疗事故。另外，在需要转院治疗的情况下，病人的数据，包括病史、受伤类型、提出的治疗方法、治疗场所、治疗状态等，都可以制成新的标签，传送给下一个治疗医院。所有这些信息的输入都可以通过读取射频标签一次完成，减少了不必要的手工录入，避免了人为造成的错误。图3-42为RFID在医疗监护中的应用。

美国Wilford Hall治疗中心是一个有着1000个病床，24h接收伤病员的空军医院。为了加快急诊抢救病人的速度，他们采用了RFID应用系统。过去医院接收一名病人，仅仅是入院登记就需要15min左右，如今采用了RFID医疗卡，只需要短短的2min。

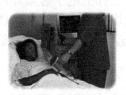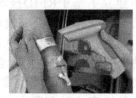

图3-42　RFID在医疗监护中的应用

（2）新生儿标识管理的应用

新生婴儿由于特征相似，而且理解和表达能力欠缺，如果不加以有效的标识往往会造成错误识别，结果给各方带来无可挽回的巨大影响。当婴儿出生时，将一个RFID标签粘贴在一个柔软的纤维带上，通过固定器缠绕在婴儿前臂或脚上。婴儿的健康记录、出生日期、时间及父母姓名等信息被输入安装在中心服务器上的系统，医院采用一台RFID阅读器读取分配给婴儿的ID码，将ID码与存储在软件里的数据相对应。如果有婴儿靠近出口或有人企图移去婴儿安全带时，系统会发送警报。图3-43为RFID在新生儿标识管理中的应用。

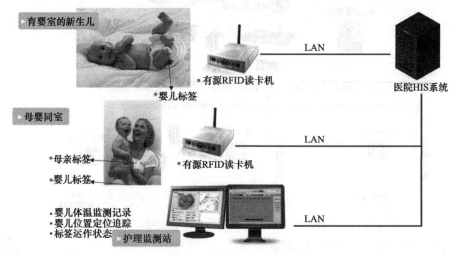

图3-43　RFID在新生儿标识管理中的应用

4. 制订RFID智慧超市解决方案

未来张老板的超市，顾客推着购物车在超市购物，当找不到想买的商品时，只需要在购物车的触摸屏上输入商品名称，显示屏就会立刻显示一条能找到那个商品的最优路线；顾客还可以随时查看目前所购商品的总价格，甚至每到一个货架之前就可以浏览该商品的相关信息，而不需要费力气去找商品的说明；当顾客需要结账的时候，不需要排着长长的队，等待收银员一件件地扫描商品、装袋、收款、开票，只需要在结账通道等待几秒的时间，便可以离开了；甚至当顾客有一天收到超市发来的一条让人最关心的商品的优惠信息时，客人只需要回复"要"或"不要"，商品便被迅速送到家门口。

张老板的超市要变身智慧超市，王经理给出的具体的解决方案如图3-44所示。

首先，超市所有的供货商都必须为每件货物贴上RFID标签，然后在将货物送至仓库之前，在货物检测区域稍做停留，待阅读器检测完货物的类型、名称和数量后，货物入库。同时，阅读器将入库商品的信息通过网络上传至中心服务器，中心服务器进行商品信息的更新。商品入库以后，可以由检验人员对货物进行检验，然后再调整商品信息。

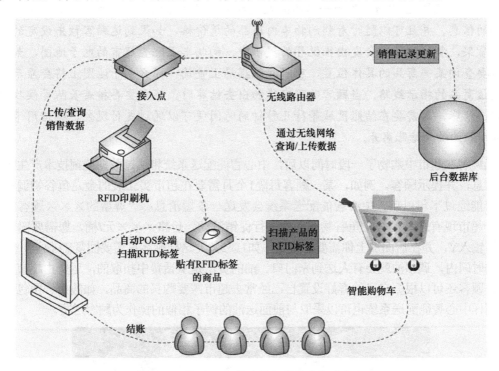

图3-44 基于RFID技术的智慧超市解决方案

商品上了智能货架以后，顾客就可以推着智能购物车进行购物了。智能货架其实是一些按照特殊要求制作的摆放商品的地方（见图3-45）。智能货架通过无线网络连接到中心服务器，每个智能货架上面贴有放置一类货物类型的标签，如儿童玩具汽车、洗衣粉等。这类标签和贴在商品上的标签是有区别的，它们都是有源标签，可以主动向阅读器报告位置；而商品上的标签是无源的，它们只能在有效范围内被阅读器读取。两种标签的成本有很大的差别，不过都符合UHF GEN2标准。

图3-45　智能货架模型

知识拓展

　　智能购物车（见图3-46）是在传统购物车基础上进行改进，集阅读器模块、无线通信模块、触摸屏及ARM芯片为一体的嵌入式系统。顾客可以通过触摸屏设定需要购买的商品的信息，并且可以随时看到购物车内商品的总价格，如果到达顾客预先设定的商品所在货架，智能购物车会发出很悦耳的提示声。购物车上配置超市的电子地图，如果顾客需要查询某一商品的具体位置，可以在触摸屏上查询，那么电子地图上将会显示一条找到该商品的指示线路。当顾客购买完货物出去结账时，不需要再排着长队等候收银员扫描、结账，只需要在结账区域等待几秒钟的时间便可以通过支付现金、刷信用卡或超市专用的购物卡结账离开。

　　当顾客在超市中购物了一段时间以后，中心智能配送系统将通过数据挖掘技术产生比较有用的信息，并提示顾客。例如，某一顾客每隔1个月需要在超市买5L装的金龙鱼谷物调和油，那么可能经过半年以后，中心智能配送系统会发送一条短消息："尊敬的×××顾客您好，×××超市现有5L装的金龙鱼谷物调和油进行促销活动，价格×××元/桶，您需要吗？如果需要请输入Y，并在后面加上你需要的数量，如1或2。"这样顾客只需要回复Y+数量，那么在很短的时间内，调和油就会有人送到家门口。油的费用是从话费中扣取的，运费由超市承担。此外，顾客还可以根据自己的喜好设置自己经常去超市需要购买的商品，如酸奶、面包、水果等，同样中心智能配送系统也可以采取与前面送油的例子相似的操作为顾客送货。

图3-46　智能购物车

◆ 项目能力巩固

1．使用二维码制作工具，制作一个个人二维码名片，并扫描到手机中。

2．查找资料，举例说明RFID技术在生活中有哪些常见的应用。

3．试述如何应用RFID技术来进行食品安全管理。

4．查找资料帮张老板分析一下，若他的超市要用到RFID技术，应该在哪些方面应用。如图3-47所示，提示了RFID设备在超市应用中的流程，请结合该图，对RFID技术的应用范围加以总结。

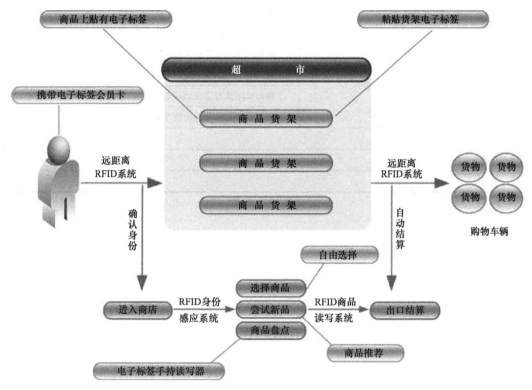

图3-47　RFID技术在超市中的应用

◆ 单元知识总结与提炼

在物联网中，应用广泛的识别技术有一维条码、二维码、RFID电子标签等。RFID的核心思想是基于射频的无线识别，相对于传统识别技术，具备很多优势，如识别距离远、速度快、可自动识别、存储信息多、能够应用于各种恶劣场景及具备良好的安全性等。

典型的RFID系统包括标签、读写器和天线，以及相应的计算机系统。读写器通过天线发射电磁场，以此激活场内标签，被激活的标签自动进行应答。在本项目中，重点介绍了条码技术和RFID技术的应用案例。

项目学习自我评价表

能力	学习目标	核心能力点	自我评价
职业岗位能力	条形码技术	了解条形码的分类	
		理解条形码的组成	
		掌握二维码的应用	
	电子标签RFID技术	了解RFID技术的概念	
		了解RFID技术的发展	
		熟知RFID技术的优势与应用	
	RFID系统	掌握RFID系统的组成	
		了解RFID系统的工作原理	
		了解电子标签、读写器、天线	
	RFID技术的应用实例	了解RFID在防伪领域中的应用	
		了解RFID在公共安全领域中的应用	
		了解RFID在医疗卫生领域中的应用	
		掌握RFID智慧超市的解决方案	
通用能力	沟通表达能力		
	解决问题能力		
	综合协调能力		

　　将超市改造成智慧超市的张老板，体验到了物联网技术带来的方便与快捷。张老板想自己的家能否也搭上物联网的顺风车，变得智能起来呢？

　　王经理下面的描述让张老板有点不敢想象。回到自己家中，随着门锁被智能门卡开启，家中的安防系统自动解除室内警戒，廊灯缓缓点亮，空调、新风系统自动启动，最喜欢的背景交响乐轻轻奏起。在家中，只需要一个遥控器就能控制家中所有的电器和灯光。每天晚上，所有的窗帘都会定时自动关闭，入睡前，床头边的面板上触动"晚安"模式，就可以控制室内所有需要关闭的灯光和电器设备，同时安防系统自动开启处于警戒状态。在外出之前只要按一个键就可以关闭家中所有的灯和电器。

　　在炎热的夏天，下班前在办公室通过计算机打开空调，回到家里便能享受清凉；在寒冷的冬季，则可以享受到融融的温暖。回家前启动电饭煲，一到家就可以吃上香喷喷的米饭。如果不方便使用计算机，用手机也可以控制家电。在办公室或出差时打开手机上网，家中的安全设备和家用电器立即呈现在自己的面前。

　　王经理表示，要想让家里也变得智能起来，需要安装一套智能家居系统，如图4-1所示。智能家居的奥秘就在于在家中的各个位置都安装各式各样的传感器。

图4-1　智能家居系统

　　在本项目的学习中，将主要介绍传感器的概念、分类，以及常见的各种传感器和无线传感器网络的知识。

- 了解传感器的概念与原理。
- 了解传感器的常见分类。
- 能识别常见的各类传感器。
- 掌握无线传感器网络的知识。

任务1　传感器的概念与常见分类

◆　**任务描述**

王经理："物联网早期也叫传感网，它的运用大到军事反恐、城建交通，小到家庭、个人。如果在家庭中布置传感器，人们在外地就能知晓家中各角落的情况；如果在人体上安装传感器，医院就能随时了解其健康状况。有了传感器，消费者要购买楼房时，坐在家里就能知晓目标楼盘早晚的噪声情况、日照时长、地基牢固程度等，还能监控到整个建设过程。作为构成物联网的基础单元，传感器在物联网信息采集层面的作用非常关键。"

◆　**任务呈现**

1. 寻找无处不在的传感器

电影《地道战》中，八路军将地道一直挖到了日军的据点，日军指挥官山田队长为了防止八路军将地道挖进据点，在地上安了一口大水缸，有事没事的时候，他就将耳朵贴在水缸口处听听地下有没有挖地道的声音，这个大水缸就是山田队长做的一个原始的传感器。

其实在生活中传感器无处不在，MP4上的触摸键、手机触摸屏、手机摄像功能、厕所小便池、自动擦鞋机、热风干手器、超市里的防盗门等都利用了传感器原理。下面举几个生活中常见的传感器应用例子。

声控灯：住宅楼楼道里的灯能"听声"即亮，因为它采用了一种压电传感器，根据人们发出的声音，可以方便及时地打开和关闭声控照明装置。

全自动洗衣机：洗衣机中通常安装有浊度传感器，可以合理地安排漂洗次数，起到节水、节电的作用。

电饭锅：电饭锅采用了温度传感器，通过测量内胆温度来实现。当温度上升到一定值时，启动开关，停止加热。

电熨斗：电熨斗中安装了一种温度传感器，在达到一定温度时就会自动断电，使电熨斗保持在一定温度范围内。

电子秤：电子秤无须复杂操作，就能很快称出物体质量，而且一般来说很精确，这是因为在电子秤下安装了压力传感器和一些电子系统，如图4-2所示。

图4-2　电子秤与压力传感器

厕所小便池：当人靠近时就会现有一股水流出现，当人离开时就会第二次冲水，此举为厕所的节水及洁净做出了巨大贡献，在这过程中，光电传感器及电子系统发挥了关键作用。图4-3为马桶自动冲水感应器。

图4-3　马桶自动冲水感应器

电子温度计：在电子温度计内部加入红外传感器，由于人体在不同温度时发射红外线的强度等皆有不同，利用此特点即可简单、快捷、精确地测量人体体温。

汽车称重：在货运站为汽车称重，通过压力传感器，即使是很重的物体也能在短时间内被准确称出。

自动门：在宾馆和一些公共场所，当有人靠近或远离自动门时，门就会自动开关，这是因为使用了红外传感器，它对物体的存在进行反应，不管人员移动与否，只要处于传感器的扫描范围内，它都会反应并传出控制信号。

2. 了解传感器的定义与组成

传感器来自于"感觉"一词，人用眼睛看，可以感觉到物体的形状、大小和颜色；用耳朵听，可以感觉到声音的尖细和强弱；用鼻子嗅，可以感觉到气味的芳香；用舌头尝，可以感觉到酸、甜、苦、辣；用身体摸，可以感觉到物体的软硬和冷热。眼睛、耳朵、鼻子、舌头和身体是人类赖以生存而感受外界刺激所必须具备的感官。但是在研究自然现象和规律及生产活动中，它们的功能就远远不够了，为适应这种情况，就需要传感器。传感器是人类五官的延伸，又称为电五官。

从广义的角度来看，传感器是一种能把物理量或化学量转变成便于利用的电信号的器件。国际电工委员会（IEC）的定义为：传感器（英文名称：Transducer/Sensor）是一种检测装置，能感受到被测量的信息，并能将感受到的信息按一定规律变换成为电信号或其他所需形式的信息输出，以满足信息的传输、处理、存储、显示、记录和控制等要求。它是实现自动检测和自动控制的首要环节。简单地说，能够将外界的非电信号按一定规律转换成电信号输出的器件或装置就是传感器。

温馨提示

GB/T 7665—2005中传感器的定义是："能感受规定的被测量件并按照一定的规律转换成可用输出信号的器件或装置，通常由敏感元件和转换元件组成。"

传感器一般由敏感元件、转换元件、转换电路等组成，如图4-4所示。其中，敏感元件是直接感受被测量，并输出与被测量成确定关系的物理量；转换元件把敏感元件的输出作为它的输入，转换成电路参量；上述电路参数接入基本转换电路，便可转换成电量输出。

图4-4　传感器的组成

3. 认识物联网中传感器的常见分类

物联网传感器早已渗透到诸如工业生产、智能家居、宇宙开发、海洋探测、环境保护、资源调查、医学诊断、生物工程、文物保护等极其之泛的领域中，可以毫不夸张地说，从茫茫的太空，到浩瀚的海洋，以至各种复杂的工程系统，几乎每一个现代化项目都离不开各种各样的传感器。

传感器可以从不同角度进行分类：

1）传感器按照用途可划分为温度传感器、湿度传感器、压力传感器、位移传感器、流量传感器、液位传感器、力传感器、加速度传感器、转矩传感器等，如图4-5所示。

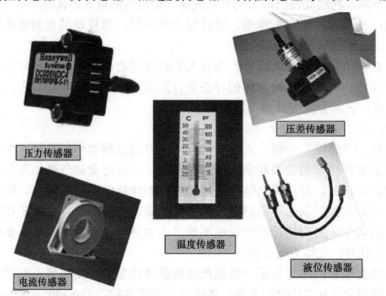

图4-5　各种类型的传感器

2）传感器按照原理可分为振动传感器、湿敏传感器、磁敏传感器、气敏传感器、真空度传感器、生物传感器。

3）传感器按照输出信号可分为模拟式传感器、数字式传感器、膺数字传感器、开关传感器、无线调光器、红外动作感应器、无线可燃气探测器、无线烟感探测器、电流监测插座、无线温度感应器、无线移动感应器、紧急警报器、无线窗户感应器、无线光线感应器、无线门磁感应器、无线开关控制器、无线气体传感器、物联网中继器、无线中继器、互联网通信网关。

4. 探寻传感器的发展趋势

在科学技术领域、工农业生产及日常生活中，传感器发挥着越来越重要的作用。人类社会对传感器提出的越来越高的要求是传感器技术发展的强大动力，而现代科学技术突飞猛进则提供了坚强的后盾。随着科技的发展，传感器也在不断地更新发展。未来传感器将依照人们需要的更好的服务方向发展。未来的传感器必须具有智能化、微型化、多功能化、绿色化、高灵敏化、网络化等优良特征。

未来传感器发展的几大方向：

（1）MEMS与微型化

随着计算机技术的发展，辅助设计（CAD）技术和集成电路技术的迅速发展，微机电系统（MEMS）应用于传感器技术，从而引发了传感器微型化。MEMS微传感器的尺寸大多为毫米级，甚至更小，如图4-6所示。例如，压力微传感器可以放在注射针头内，送入血管测量血液流动情况。

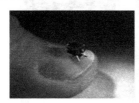  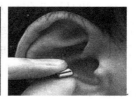

图4-6　MEMS微型传感器件

MEMS是指可批量制作的，集微型机构、微型传感器、微型执行器及信号处理和控制电路、接口、通信和电源等于一体的微型器件或系统。它是以半导体制造技术为基础发展起来的。MEMS技术采用了半导体技术中的光刻、腐蚀、薄膜等一系列现有技术和材料，因此，从制造技术本身来讲，MEMS中基本的制造技术是成熟的。但MEMS更侧重于超精密机械加工，并要涉及微电子、材料、力学、化学、机械学诸多学科领域。它的学科面也扩大到微尺度下的力、电、光、磁、声、表面等物理学的各分支。

知识拓展

采用MEMS技术生产的传感器的特点是体积小、重量轻、成本低、能耗低、可靠性高、易于批量生产、智能化高。MEMS技术在未来的发展主要表现在以下几个方面：

1）微型化的同时降低功耗，将出现微米甚至纳米级别的微型器件，同时功耗不断降低。

2）微型化的同时提高精度。例如，将MEMS加速度传感器做到石英加速度传感器的噪声特性，保证MEMS陀螺仪小体积的同时获得光纤陀螺仪的零偏稳定性，并且可提供远优于光纤陀螺仪的抗冲击特性。

3）集成化及智能化趋势，即MEMS传感器与IC的集成制造技术及多参量MEMS传感器集成制造技术得到发展，以及在集成化基础上使得信号检测具有一定的自动化。

（2）智能化

传感器与微处理机相结合，使之不仅具有检测功能，还具有信息处理、逻辑判断、自诊断及"思维"等人工智能，即传感器的智能化。借助半导体集成化技术把传感器部分与信号预处理电路、输入输出接口、微处理器等制作在同一块芯片上，即成为大规模集成智能传感器。可以说，智能传感器是传感器技术与大规模集成电路技术相结合的产物，它的实现将取决于传感技术与半导体集成化工艺水平的提高与发展。这类传感器具有多功能、高性能、体积小、适宜大批量生产和使用方便等优点，可以肯定地说，这是传感器重要的发展方向之一。图4-7为智能手机中涉及的传感器。

（3）无线网络化

无线网络对人们来说并不陌生，如手机上网、无线上网。传感器对人们来说也不陌生，如温度传感器。但是，把二者结合在起来，提出无线传感器网络（Wireless Sensor Networks，WSN）这个概念，却是近几年才发生的事情。上海世博会的电子围栏就是以无线传感网络为基础，由一个个微小传感器组织成网，防范人员侵入和物体抛入的围栏。

（4）纳米传感器

当今纳米技术的发展，不仅为传感器提供了良好的敏感材料，如纳米粒子、纳米管、纳米线、纳米薄膜等，而且为传感器制作提供了

图4-7　智能手机中的传感器

许多新颖的构思和方法，如纳米技术中的关键技术STM和MEMS技术等，纳米传感器极大地丰富了传感器的理论，提升了传感器的制作水平，拓宽了传感器的应用领域。

5. 体验传感器在生活中的十大妙用

（1）变色衣变色原理：依靠传感器感知环境色彩

美国科学家研制成功一种可如变色龙一样快速改变颜色的衣服，穿衣者只要启动控制器，就能让这种衣服的颜色变得和周边环境一样，如图4-8所示。制作变色衣的原料是一种叫作电致变色聚合物的高科技纺织材料，它是一种会随电流改变色彩的聚合物。变色纤维之所以能变色，是因为其中包含有传感器，能够感受到周围环境的颜色，然后控制材料中的电子排列发生改变，吸收特定波长的光线，从而改变衣服显示出来的颜色。

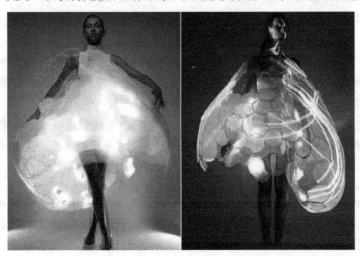

图4-8　传感器的应用——变色衣

（2）配有红外传感器的数码墓碑

一名荷兰人发明了一种带液晶显示器能显示图像和视频的数码墓碑。该墓碑具有红外

传感器，每当一有人接近墓碑，显示器即被激活，墓碑屏幕开始以图像和视频显示死者的生平介绍，如图4-9所示。

图4-9 数码墓碑

（3）配有传感器的"魔镜"

由法国森哲技术实验室研制出的智能魔镜可以清楚地告诉使用者未来的长相究竟如何。这面"魔镜"由一个液晶显示屏、多个数码相机、传感器和图像处理器组合而成。说是镜子，实际上是安装在各处的电子眼，它们会记录使用者的日常行为，如看了多长时间电视及做了多长时间运动等。另外，使用者还需要输入一些个人资料，如生活方式、是否饮酒及饮食习惯等。随后，电子系统会对信息进行数据分析，计算出未来一定时期内使用者的体重变化幅度、皮肤老化程度，最后形成具体的图像，如图4-10所示。这样一来，人们就可以清楚地看到自己未来的模样了。

图4-10 "魔镜"

（4）可穿戴的柔性电子传感器

英国Eleksen公司日前研制出了一批具有极高柔韧性的传感器和电路开关，可以与人们日常使用的生活用品完美地结合在一起，并且能使它们具有全新的功能。这些传感器既可以用作按钮，也可起到各种感应控制设备的作用（如监测湿度和温度等）。这种新型传感器最大的优势在于它们能够与普通的纺织品相互搭配用于缝制衣物，或是非常隐蔽地埋设在家具中，如图4-11所示。

（5）配有先进传感器的新型太阳镜

美国GMI医用仪器公司发明的一种新型太阳镜，不仅能保护眼睛免受紫外线伤害，还能告诉使用者大脑的温度有多高，甚至还能预防中暑。这款新型太阳镜与普通太阳镜的最大区别就在于鼻梁架上装有先进的传感器，它可以监测使用者的大脑温度，如图4-12所示。

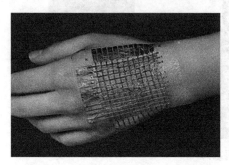

图4-11 可穿戴的柔性电子传感器

图4-12 带传感器的太阳镜

（6）配有传感器的隐形眼镜

美国科学家们在研究中发现，隐形眼镜也会"随机而动"，它可以根据配戴者血糖水平的变化而改变自己的微观环境。这个发现将来能够帮助糖尿病患者更好地了解自己的身体状况。

（7）带有热传感器的智能手杖和眼镜

墨西哥高科技研究所研制出一种智能型盲人助行手杖和眼镜（见图4-13），这套工具是通过振动器、声音提示器及热传感器帮助盲人在行走过程中来分辨静止物体和行人的。该智能手杖上安装了一个由多种光电晶体管和图像处理芯片组成的传感器，白天晶体管不发射信号，芯片通过处理物体反射的自然光获知前方1m内障碍物的信息，然后以声音或振动的方式提醒使用者。夜晚光线不足时，传感器通过自己发射光信号完成这一过程。此外，手杖上安装的热传感器还能帮助盲人区分物体和行人。

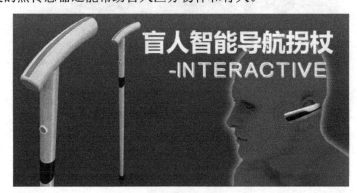

图4-13 盲人智能导航手杖

（8）未来智能提包

近日，研究者用一种新型织物制作出了一种能够感知内部所装物品的女士提包。这种提包还能在主人忘记带某个东西时对主人进行提示，如图4-14所示。该发明是针对年轻职业女性的。它的出现将杜绝手机、家门钥匙或钱包被遗忘在家的情况。提包前部的一个类似显示器上含有组成三种图案的发光二极管，每一种图案都代表一种使用者不希望落在家里的东西。在目前已经制成的样品上，这3种图案分别是一串钥匙、一个钱包和一个手机。每一个图案都与一个无线识别传感器连接。这样一来，只要包中落了一样东西，它上面的图案就会亮起来。

图4-14 智能提包

（9）能感应人心的"神奇"打字机

德国科学家已经制造出世界上第一台"心灵感应打字机"，它能根据使用者所想打出字来。如图4-15所示，这种"神奇"打字机的基本原理是通过脑电波传感器探测使用者的脑部活动，然后把他们心中所想变成计算机屏幕上的文字。要使用这台打字机，先得戴上一个特制的皮帽，上面有128个传感器，通过电线与一台计算机相连。

计算机屏幕上显示着一张字母表，使用者看着屏幕，心中想着"左"或"右"来操纵屏幕上的一个鼠标箭头。这时，传感器就会探测到脑电波的活动，并将这一信号放大，从而控制箭头选中某个字母。虽然现在用这台机器打字速度还很慢，但是科学家相信，经过改进，这种打字机将来可以达到并最终超过普通打字速度，从而给办公方式带来一场革命。

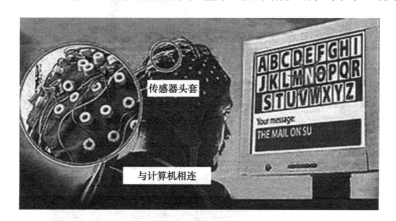

图4-15 心灵感应打字机

（10）碰碰酒杯就能加为好友

在酒杯内置一种芯片，可通过二维码扫描连接使用者的Facebook账号，利用传感器使每次碰杯都是一次交友活动，如图4-16所示。

使用者登录自己的Facebook账户并通过扫描印刷在杯子底部的二维码来与之关联。每次碰杯，可以通过杯子上的一个红色LED灯亮起作为"交友成功"的反馈。

图4-16　传感器酒杯

思考提升

体感游戏突破以往单纯以手柄按键输入的操作方式，通过肢体动作变化来进行（操作），从手脚并用堵漏水窟窿，到Zune播放界面中挥手换歌，让每一个玩家都喜欢得停不了手（见图4-17），它利用了什么原理？

图4-17　体感游戏

图4-18为微软推出的体感外设Kinect，左边的第一个圆圈装置是红外投射器，中间的是RGB摄影机，最右边的为红外感应器。图4-19为Kinect的内部结构。有的人以为Kinect是靠双摄像头定位的，其实是不对的。那么，这3个东西是如何工作并识别出人体的呢？

图4-18　Kinect体感设备外观

图4-19　Kinect的内部结构

　　整个Kinect其实就像一个大蝙蝠，红外投射器不断向外发出红外结构光，就相当于蝙蝠向外发出的声波，红外结构光照到不同距离的地方的强度会不一样，如同声波会衰减一样。红外感应器相当于蝙蝠的耳朵，用来接收反馈消息，不同强度的结构光会在红外感应器上产生不同强度的感应，这样，Kinect就知道面前物体的深度信息，将不同深度的物体区别开来，如图4-20所示。

图4-20　Kinect人体识别

　　墙距离Kinect很远，所以被一种颜色标注，而人比较近，就用另一种颜色标注。在得到深度信息后，Kinect会像切鱼片一样，按照深度由近到远得到很多切面图像，如图4-20里人和墙就在不同的切面图像里了。下一步就是对不同切面的图像进行分析，假如这个切面图像里有和人体轮廓相似的区域，Kinect就会在这个深度跟踪人体的切面图像，并且识别出手、腿和头部。

　　当人体被锁定后，Kinect会从上到下扫描，然后根据人的身高逐步判断出膝盖、手掌、肚子的位置，并把这些相对的位置数据绑定到一个虚拟的骨骼上面，这样，就完成了真人到虚拟人的映射，如图4-21所示。

图4-21　体感技术识别

91

任务2　传感器的应用

◆　任务描述

张老板："形形色色的传感器的应用实例，让人感觉传感器让生活越来越带劲。那传感器到底是什么样的？"

王经理："张老板，我这里有一台报废的智能手机，这里边就有很多传感器，我们拆解下这台手机，看看手机里有哪些传感器。"

◆　任务呈现

1. 分解智能手机

现在的手机已经变得越来越智能了，除了能够使用界面简洁且操作方便的操作系统，利用APP做一些之前依靠别人或计算机才能干的事情之外，"智能机"的概念已经升华到可以利用传感器来像人体器官一样感知周围环境，并且被各种专门的APP所用，就像游戏达人爱好的陀螺仪与加速器，运动达人们热衷的压力传感器、温湿度传感器抑或计步器等，这些都能让手机在替代了相机、MP3等设备之后，还能够起到类似游戏手柄、GPS、计步器等的功能。图4-22展示了手机在传感器的加入后能实现的功能越来越强大，越来越智能。

感知用户的情绪

学习用户的喜好，更主动地做出反应

感知用户的位置和停留时间

根据日常习惯过滤无关内容

更多传感器让手机更聪明

感知本地内容和服务

了解用户和用户周围的环境

发现与用户相关的人并建立联系

用户与数据网络互动，调整需求

图4-22　传感器让手机更聪明

知识拓展

智能手机是指像个人计算机一样具有独立的操作系统和独立的运行空间，可以由用户自行安装软件、游戏、导航等第三方服务商提供的程序，并可以通过移动通信网络来实现无线网络接入的手机类型的总称。

智能手机的使用范围已经达到全世界，因为智能手机具有优秀的操作系统、可自由安装各类软件、完全大屏的全触屏式操作感这3大特性，所以，其完全终结了前几年的键盘式手机。

智能手机具有5大特点：

1）具备无线接入互联网的能力：即需要支持GSM网络下的GPRS或CDMA网络的CDMA1X或3G网络，甚至4G。

2）具有PDA的功能：包括PIM（个人信息管理）、日程记事、任务安排、多媒体应用、浏览网页。

3）具有开放性的操作系统：拥有独立的核心处理器（CPU）和内存，可以安装更多的应用程序，使智能手机的功能可以得到无限扩展。

4）人性化：可以根据个人需要扩展机器功能。根据个人需要，实时扩展机器内置功能，以及软件升级和智能识别软件兼容性，实现了软件市场同步的人性化功能。

5）功能强大：扩展性能强，第三方软件支持多。

（1）距离传感器

手机中使用的是近距离传感器，一般都安装在手机听筒的两侧或在手机听筒凹槽中，这样便于其工作。当用户在接听或拨打电话时，将手机靠近头部，距离传感器可以测出这之间的距离，到了一定程度后便通知屏幕背景灯熄灭，拿开时再度点亮背景灯，这样更方便用户操作，而且也更为节省电量。在三星手机上，输入号码并将手机听筒靠近耳朵，手机会自动拨号。

（2）光线传感器

光线传感器的好处就是可以根据手机所处环境的光线来调节手机屏幕的亮度和键盘灯。例如，在光线充足的地方，屏幕很亮，键盘灯就会关闭；相反，在暗处，键盘灯就会亮，屏幕较暗（与屏幕亮度的设置也有关系），这样既保护了眼睛又节省了能量，一举两得。图4-23为手机上的光线和距离传感器。

图4-23　光线和距离传感器

（3）重力传感器

现大部分的智能机都用到重力传感器，这使手机更加人性化。重力传感器在手机横竖的时候屏幕会自动转，在玩游戏时可以代替上下左右键，如玩赛车游戏，可以不通过按键，将手机平放，左右摇摆就可以代替模拟机游戏的左右移动了。手机重力感应指的是手机内置重力摇杆芯片，支持摇晃切换所需的界面和功能、翻转静音和甩动切换视频等，是一种非常具有使用乐趣的功能。图4-24为手机中的重力传感器。

图4-24　手机中的重力传感器

（4）红外线传感器

通过红外遥控器，人们可以遥控电视、空调等很多可以遥控的家电设备，是一个很实用的功能。图4-25为手机上的红外接口。图4-26为手机正在通过红外传感器学习电视遥控器的功能，学习后，手机就可以当作遥控器来遥控电视。

图4-25　手机上的红外接口

图4-26　手机学习电视遥控器功能

（5）温度传感器

手机中的温度传感器应用，可以准确地显示当前的温度，帮助用户更便捷地了解气候变化，及时添衣减衣。未来手机还有可能加入湿度和气压传感器，提醒人们及时补充水分和调节空间温湿度，去高海拔地区游玩可以精确地知道自己所处位置的海拔高度。图4-27

为手机中的温度传感器。

图4-27 手机中的温度传感器

手机中还有很多传感器是用户不是很熟悉，如陀螺仪传感器、加速度传感器，它们也为手机的功能实现做了不小的贡献。陀螺仪配合加速计可以在没有卫星和网络的情况下进行导航，这是陀螺仪的经典应用。图4-28为手机中的加速度传感器，图4-29为手机中的陀螺仪传感器。

图4-28 手机中的加速度传感器

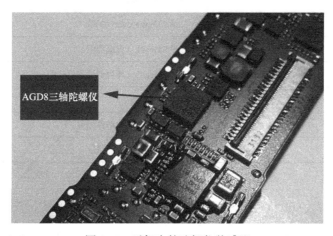

图4-29 手机中的陀螺仪传感器

多种多样的传感器在一台手机上到底是怎么工作的？图4-30为手机中的各种传感器的分布情况。表4-1展示了三星Galaxy S4手机上9颗机身传感器对应在手机中的典型应用。

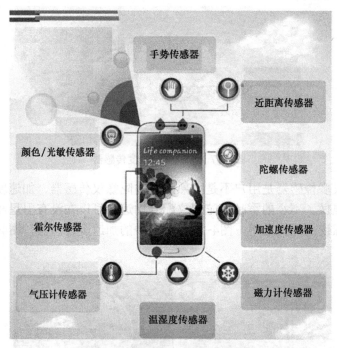

图4-30　传感器在手机中的分布

表4-1　传感器在手机中的典型应用

传感器	在手机中的典型应用
近距离传感器	体感拨号
手势传感器	手势操作
颜色/光敏传感器	三星Adapt Display
霍尔传感器	三星S View Cover保护壳
气压计传感器	三星S Health（健康伴侣）
温湿度传感器	三星S Health（环境舒适程度检测）
磁力计传感器	数字罗盘地图
加速度传感器	三星S Health（运动伴侣）
陀螺仪传感器	智能旋转屏幕

知识拓展

微软正在开发一种全新电场传感器，允许用户在没有触碰的情况下操控手机，如图4-31所示。这种技术具有低成本、透明、3D、交互等特点。通过这种先进技术，当用户的手悬浮在手机屏幕上时，手机就可以感应出来。

微软采用轻薄、透明及低成本材料设计出了一个电场传感，可以追踪3D的手指和手部动画，也能够捕捉移动设备之外的悬空手势操作。此项研究展示了对非接触式的运动姿态进行精确的3D手部和手指定位。

图4-31　微软的新传感器可以隔空操作手机

2. 物联网智能家居中的传感器

智能家居是以住宅为平台，利用综合布线技术、网络通信技术、安全防范技术、自动控制技术、音视频技术将家居生活简便化的设施集成，构建高效的住宅设施与家庭日程事物的管理系统，提升家居安全性、便利性、舒适性、艺术性，并实现环保节能的居住环境。

智能家居主要实现如下几个功能：

1）始终与互联网相连，可以在家办公。

2）安全防范：可以实时监控非法闯入、火灾、煤气泄漏、紧急呼救等的发生。一旦出现意外情况，系统会向中心发出警报，并进入应急状态，从而实现主动防范。

3）家电的智能控制与远程控制。

4）交互式智能控制：通过语音识别技术实现智能家居的声控功能；通过各种主动式传感器（如温度、声音、动作等）实现智能家居的主动性。

5）环境自动控制，如家庭中央空调系统。

6）提供全方位的家庭娱乐，如家庭影院系统和家庭中央背景音乐系统。

7）现代化的厨卫环境——整体厨房和整体卫浴。

8）家庭信息系统：管理家庭信息。

9）家庭理财服务：通过网络完成理财和消费服务。

10）自动维护功能：能对家电实现智能化的故障自诊断、新功能自扩展。

以上各种功能的实现离不开传感技术的支持，只有利用先进的现代传感技术才能实现智能家居的大部分功能，因此，传感技术可以说是智能家居功能实现的最重要的技术之一。

智能家居就是一个装满了传感器的房子。通过传感器，可以实现温度的自动调节、灯光明暗的改变、门窗的自动开关。如果将智能家居的系统比作"大脑"，通信系统比作

"神经系统",那么传感器就是"感觉器官"。系统想要获取足够的信息,就需要传感器发挥它的作用,将外界信息通过传感器的测量获得。表4-2列出了传统智能家居系统中所用到的传感器设备。

表4-2 智能家居系统中所用到的传感器设备

需测量	理由	需要的传感器	传感器用途
亮度	如主人晚上在家,亮度已经下降到一定的范畴以下,系统会自动打开主人周边的照明设备,方便主人的生活	光传感器	主要用于测量室内可见光的亮度,以便调整室内亮度
温度	一年四季,一天24h存在或大或小的温差,根据不同的温度,系统将启动室内的降温或取暖设备,使人们的生活更舒适	温度传感器	主要用于测量室内的温度,方便调节室内温度
湿度	一年中有的季节潮湿,有的季节干燥,系统可以根据需要调节室内的空气湿度,使其保持在最适宜人们居住的状态	湿度传感器	主要用于测量室内的湿度,方便调节
烟雾	当无人在家或只有小孩在家时,若家中发生火灾,那么系统将自动接通火警,并打开喷水龙头	气敏传感器	主要用于测量空气中特定气体的含量,当危险时会自动报警
声音	主人打开一些电子设备时不必手工开启,可以利用声音启动,使生活更方便	声音传感器	主要用于测试室内声音,达到声控的效果
人体	当有不速之客入侵时,区域内的热量就会立即发生变化,探测器检测到这一变化就会发出报警声并自动向主人拨号报警	红外动作传感器	通过红外感应房间内人的存在及动作,还能够探测到房间内的非法闯入

要想建成一个功能更为强大的智能家居,往往还需要用到很多无线传感器设备,下面就介绍一些物联网智能家居中常见的无线感应设备。

(1)无线网关

无线网关是无线传感器和无线联动控制设备的信息收集、控制终端,也是手机和这些家庭设备通信、控制的桥梁,如图4-32所示。所有传感器、探测器将收集到的信息都通过无线网关传到授权手机、平板电脑等管理设备上。另外,控制命令由管理设备通过无线网关发送给联动设备。

图4-32 物联网无线网关

例如,家中无人时门被打开,门磁监测到有其他人闯入,则将闯入报警通过无线网关发送到主人的手机上,手机收到提示,主人确认后发出控制指令,电磁门锁自动落锁并触发无线声光报警器发出报警。

(2)无线云智能锁

钥匙和锁作为一个古老的防范工具已经存在了很多年,传统的机械锁一直存在着安全系数不高,锁具采用一些简易工具就能被轻松打开,钥匙也很容易被复制的缺点。今天,随着技术的发展，手机已经成为随身携带的最重要的工具，它不仅是通信工具，也可以成为导航工具、支付工具、身份验证工具，而且它更可以成为每天必用的智能钥匙。物联无线云智能锁可以让人从此高枕无忧。

主人回家，只需要拿出手机输入密码，门会自动打开。另外，主人可以为客人远程开锁。对于安全，智能锁具有更完善的保护机制，对于任何开锁、上锁、反锁情况，主人都可以及时掌握，如图4-33所示。

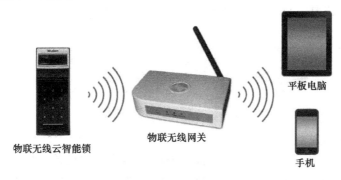

图4-33　无线云智能锁

（3）无线墙面开关/调光开关

无线墙面开关/调光开关可直接取代家中的墙壁开关面板，它不仅可以像正常开关一样被使用，更重要的是它已经和家中的所有物联网设备自动组成了一个无线传感控制网络，人们可以通过无线网关向其发出开关、调光等指令，如图4-34所示。其意义在于主人离家后无须担心家中的电灯是否关掉，只要主人离家，所有忘关的电灯会自动关闭。主人在睡觉时无须逐个房间去检查灯是否开着，需要做的就是按下装在床头处的睡眠按钮，所有电灯会自动关闭，同时主人夜间起床时，灯光会自动调节至柔和，从而保证睡眠的质量。

（4）无线智能插座

无线智能插座主要用于控制家电的开和关，如通过它可以自动启动排气扇排气，这在炎热的夏天对于密闭的车库是一个有趣的应用。它还可以控制任何人们想控制的家电，只要将家电的插头插上无线智能插座即可，如排气扇、空气净化机等，如图4-35所示。

图4-34　无线墙面调光开关

图4-35　无线智能插座

（5）无线温湿度传感器

无线温湿度传感器主要用于探测室内、室外的温度、湿度。虽然绝大多数空调都有温度探测功能，但由于空调的体积限制，它只能探测到出风口附近的温度，这也正是很多消费者感觉其温度不准的重要原因。有了无线温湿度传感器，用户就可以确切地知道室内的温度和湿度，如图4-36所示。其现实意义在于当室内温度过高或过低时能够提前启动空调调节温度。例如，当主人在回家的路上，家中的无线温湿度传感器探测出房间温度过高，则会启动空调自动降温，等主人回家时，家中的温度已经是一个宜人的温度了。

图4-36　无线温湿度传感器

（6）无线红外转发器

无线红外转发器主要用于家中可以被红外遥控器控制的设备，如空调、电动窗帘、电视、投影机等，如图4-37所示。有了无线红外转发器，人们可以通过手机远程遥控空调，也可以不用起床就关闭窗帘等。它可以将传统的家电立即转换为智能家电。

图4-37　无线红外转发器

（7）云红外入侵探测器

云红外入侵探测器主要用于防止非法入侵。例如，当用户按下床头的无线睡眠按钮后，关闭的不仅是灯光，同时也会启动云红外入侵探测器（见图4-38）自动设防，此时一旦有人入侵，就会发出报警信号并可按设定自动开启入侵区域的灯光吓退入侵者。当主人离家后，它会自动设防，一旦有人闯入，会通过无线网关将提醒发至主人的手机，并接收手机发出的警情处理指令，如图4-39所示。

图4-38　云红外入侵探测器

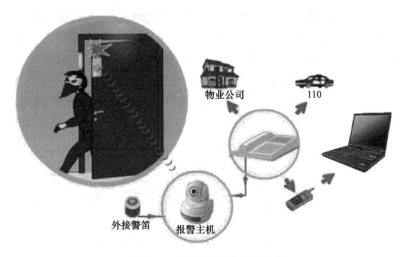

图4-39　无线红外线报警系统

（8）无线空气质量探测器

无线空气质量探测器主要探测卧室内的空气质量是否混浊，这对于要回家休息的用户很有意义，特别是对有婴幼儿的家庭尤其重要。它通过探测空气质量告诉用户目前室内空气是否影响健康，并可通过无线网关启动相关设备优化并调节空气质量，如图4-40所示。

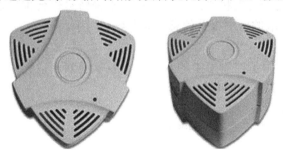

图4-40　无线空气质量探测器

（9）无线光照传感器

无线光照传感器主要用于探测室内光照度，在照度偏低时可联动调光开关或智能开关自动开启照明，也可以在阳光强烈时自动关闭窗帘遮阳，如图4-41所示。

图4-41　无线光照传感器

（10）无线门、窗磁感应器

无线门、窗磁感应器主要用于防入侵，如图4-42所示。当主人在家时，门、窗磁感应器会自动处于撤防状态，不会触发报警。当主人离家后，门、窗磁感应器会自动进入布防状态，一旦有人开门或开窗就会通知用户的手机并发出报警信息。与传统的门、窗磁感应器相比，无线门、窗磁感应器无须布线，装上电池即可工作，安装非常方便，安装过程一般不超过2min。另外，对于有保险柜的家庭来说，这种传感器还能够侦测并记录下保险柜每次被打开或关闭的时间，并及时通知授权手机。

这种无线门、窗磁感应器同样可用于自动照明等，如主人回家开门时，灯光会自动亮起。

图4-42　无线门、窗磁感应器

（11）云抽屉锁

云抽屉锁对于放有贵重物品的抽屉很有意义，当抽屉被非法打开，即使用户在千里之外，手机也会立即收到报警。另外根据设置，一旦抽屉被打开，信息就会自动保存在物联云端，即使当时手机处于关机状态，一旦开机，报警信息也会推送过来，而且用户也可以通过手机查询保存在云端的历史报警信息，如图4-43所示。

（12）无线智能阀门

无线智能阀门主要用于控制家中的水管，一旦家中漏水，无线智能阀门会自动关闭，以免造成更大的财产损失，如图4-44所示。

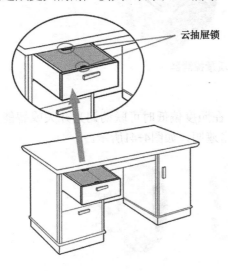

图4-43　云抽屉锁

图4-44　无线智能阀门

（13）无线可燃气泄漏探测器

无线可燃气泄漏探测器主要探测家中的燃气泄漏情况，一旦有燃气泄漏，探测器则会第一时间切断燃气阀门并通知授权手机，如图4-45所示。

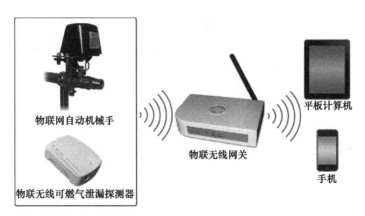

图4-45　无线可燃气泄漏探测器

（14）无线烟雾（火警）探测器

无线烟雾（火警）探测器用于探测火灾，它可方便地与无线警报设备绑定，自动发出无线触发信号，启动警报器。它也可以与授权手机或物业相关系统绑定，一旦出现火警会第一时间发出手机通知，如图4-46所示。

（15）太阳能无线红外电子栅栏

太阳能无线红外电子栅栏主要用于围墙、阳台等以防范非法闯入，这种设备通过太阳能供电，无须布线，安装灵活，如图4-47所示。

图4-46　无线烟雾（火警）探测器

图4-47　太阳能无线红外电子栅栏

（16）无线云体重计

体重对于儿童成长、健康维护、疾病溯源有着重要的参考价值，无线云体重计可以帮助家庭成员记录、保存体重数据，如图4-48所示。这种体重计可以方便地连接手机，用户可在任何时间任何地点随时调阅历史体重资料。

图4-48　无线云体重计

（17）无线自动窗帘

无线自动窗帘可以根据时间、光照强度、控制命令、情景模式自动打开，如图4-49所示。

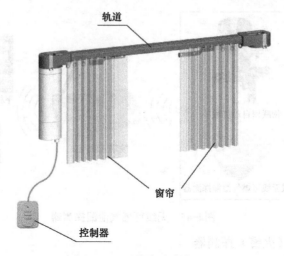

图4-49　无线自动窗帘

（18）无线紧急按钮

人们在遇到紧急情况时按下无线紧急按钮，求救信息会立即发送到授权手机、物管中心，同时可以启动现场警报系统，如图4-50所示。

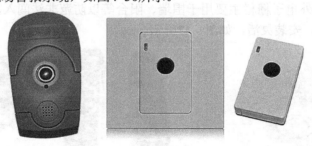

图4-50　无线紧急按钮

（19）无线自动开窗器

无线自动开窗器可以协助家庭通风、避雨，如图4-51所示。

图4-51　无线自动开窗器

（20）无线自动遮阳篷

无线自动遮阳篷能够根据阳光强度、雨水等自动伸缩调节，也可通过手机或开关控制。

（21）无线床头睡眠按钮

无线床头睡眠按钮是个可以固定或粘贴在床头木板上的电池供电装置，它的作用主要是帮助用户在睡觉时关闭所有该关闭的电器，同时启动安全系统进入布防状态。例如，启动云红外入侵探测器，以及无线门、窗磁感应器等进入预警布防状态。另外，它也能帮助启动夜间照明模式，如当主人夜间起床时，打开的灯光就会很柔和，而不会像进餐时那么明亮，即使开启的是同一盏灯。

以上是一个典型的物联网智能家居系统，物联网带来的神奇之处在于任何人都可以根据自身的需要自由组合，所有的安装都不需要专业人员的参与，一个普通的消费者即可完成，这也是物联网型智能家居产品与传统智能家居产品的一个重要区别。

任务3　探索无线传感器网络

◆　**任务描述**

王经理："'眼观六路，耳听八方'是人类长久的梦想，现代卫星技术的出现虽然使人们离这一目标又近了一步，但是卫星高高在上，洞察全局在行，明察细微就不管用了。这个时候，无线传感器网络就派上用场了。将大量的传感器结点遍布指定区域，数据通过无线电波传回监控中心，监控区域内所有的信息就会尽收观察者的眼中了。"

◆　**任务呈现**

1. 了解无线传感器网络（WSN）

无线传感器网络（WSN，Wireless Sensor Networks）综合了传感器技术、嵌入式计算技术、现代网络及无线通信技术、分布式信息处理技术等，能够通过各类集成化的微型传感器实现实时监测，以及感知和采集各种环境或监测对象的信息，这些信息通过无线方式被发送，并以自组多跳的网络方式传送到用户终端，从而实现物理世界、计算世界及人类社会三元世界的连通。

无线传感器网络以最少的成本和最大的灵活性连接任何有通信需求的终端设备，采集数据，发送指令。无线传感器网络是把一定数量的传感器或执行单元设备任意分布，在有限时间内，从某一个传感器获知其他传感器的信息。作为无线自组双向通信网络，无线传感器网络能以最大的灵活性自动完成不规则分布的各种传感器与控制结点的组网，同时具有一定的移动能力和动态调整能力。

无线传感器网络是信息科学领域中一个全新的发展方向，同时也是新兴学科与传统学科进行领域间交叉的结果。无线传感器网络经历了智能传感器、无线智能传感器、无线传感器网络三个阶段。智能传感器将计算能力嵌入到传感器中，使得传感器结点不仅具有数据采集能力，而且具有滤波和信息处理能力；无线智能传感器在智能传感器的基础上增加了无线通信能力，大大延长了传感器的感知触角，降低了传感器的工程实施成本；无线传感器网络则将网络技术引入到无线智能传感器中，使得传感器不再是单个的感知单元，而是能够交换信息、协调控制的有机结合体，实现物与物的互联，把感知触角深入世界各个角落。

如图4-52所示，将成千上万个微型传感器密集地分布在森林中，各传感器通过无线网络相互协作，共同执行分布式感知任务，并将准确的火源信息传送给信息中心。

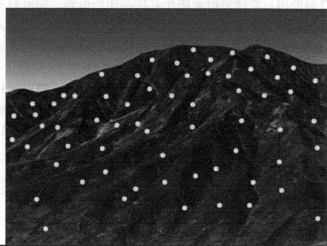

图4-52　森林火警系统

知识拓展

无线传感器网络与智慧地球

智慧地球实质上是把传感器嵌入和装备到电网、铁路、桥梁、隧道、公路、建筑、供水系统、大坝、油气管道等各种物体中，并且被普遍连接，并与现有的互联网整合起来，实现人类社会与物理系统的整合。

智慧地球的理念与广义的传感网基本一致，IBM的智慧地球概念体现的也是互联网和传感的融合：信息革命的迅速发展使任何系统都可以实现数字量化和互联，同时，计算能力的高速发展使爆炸式的信息量得到高速且有效的处理，并实现智慧的判断、处理和决策。其更强调决策和处理过程的智能化。

2．重走无线传感器网络技术的发展之路

无线传感器网络的发展历程分为以下3个阶段：传感器→无线传感器→无线传感器网络。

第一阶段：最早可以追溯至越南战争时期使用的传统的传感器系统。当年美国与越南双方在密林覆盖的"胡志明小道"进行了一场血腥较量，"胡志明小道"是越南向南方游击队输送物资的秘密通道，美军对其进行了狂轰滥炸，但效果不大。后来，美军投放了2万多个"热带树"传感器。"热带树"实际上是由振动和声响传感器组成的系统，它由飞机投放，落地后插入泥土中，只露出伪装成树枝的无线电天线，因而被称为"热带树"。只要对方车队经过，传感器探测出目标产生的振动和声响，便自动将信息发送到指挥中心，美军立即展开追杀，总共炸毁或炸坏4.6万辆卡车。"热带树"的成功应用促使许多国家纷纷研制各种地面传感器系统。这应该说就是无线传感器网络最早的应用。

第二阶段：20世纪80年代至20世纪90年代，主要是美军研制的分布式传感器网络系统、海军协同交战能力系统、远程战场传感器系统等。1996年，美国加利福尼亚大学的威廉·凯泽（William J. Kaiser）教授向美国国防部远景研究计划局（DARPA）提交的"低能耗无线集成微型传感器"揭开了现代无线传感器网络的序幕，这种现代微型化的传感器具备感知能力、计算能力和通信能力。1998年，加利福尼亚大学的格雷戈里·博迪（Gregory J. Pottie）教授从网络研究的角度重新阐释了无线传感器网络的科学意义。在其后的10余年里，无线传感器网络技术得到学术界、工业界乃至政府的广泛关注，成为在国防军事、环境监测和预报、健康护理、智能家居、建筑物结构监控、复杂机械监控、城市交通、空间探索、大型车间、仓库管理及机场、大型工业园区的安全监测等众多领域中最有竞争力的应用技术之一。

第三阶段：21世纪开始至今，也就是美国"9·11"事件之后。这个阶段的传感器网络技术特点在于网络传输自组织、结点设计低功耗。无线传感器网络除了应用于反恐活动以外，在其他领域更是获得了很好的应用，所以，2002年美国国家重点实验室橡树岭实验室提出了"网络就是传感器"的论断。

由于无线传感器网络在国际上被认为是继互联网之后的第二大网络，2003年美国《技术评论》杂志评出对人类未来生活产生深远影响的十大新兴技术，传感器网络被列为第一。

在现代意义上的无线传感器网络研究及其应用方面，我国与发达国家几乎同步启动，它已经成为我国信息领域位居世界前列的少数方向之一。2006年，我国发布的《国家中长期科学与技术发展规划纲要》中，为信息技术确定了3个前沿方向，其中有两项就与无线传感器网络直接相关，这就是智能感知和自组网技术。当然，无线传感器网络的发展也是符合计算设备的演化规律的。

3.　了解无线传感器网络的结构

无线传感器网络技术是将传感器技术、通信技术、计算机技术结合在一起完成对信息的采集、传输和处理的一体化与自动化的技术。

传统的传感器网络系统通常包括传感器结点（Sensor）、汇聚结点（Sink Node）和管理结点。大量传感器结点随机部署在监测区域（Sensor Field）内部或附近，能够通过自组织方式构成网络。传感器结点监测的数据沿着其他传感器结点逐跳地进行传输，在传输过程中监测数据可能被多个结点处理，经过多跳后路由到汇聚结点，最后通过互联网或卫星到达管理结点。用户通过管理结点对传感器网络进行配置和管理，发布监测任务及收集监测数据。无线传感器网络结点的组成和功能包括如下4个基本单元：传感单元（由传感器和模数转换功能模块组成）、处理单元（由嵌入式系统构成，包括中央处理器、存储器、嵌入式操作系统等）、通信单元（由无线通信模块组成）及电源部分。此外，可以选择的其他功能单元包括定位系统、移动系统及电源装置等。

（1）无线传感器网络的结点结构

无线传感器的网络结点由传感器模块、处理器模块、无线通信模块和能量供应模块四部分组成，如图4-53所示。传感器模块负责监测区域内信息的采集和数据转换；处理器模块负责控制整个传感器结点的操作，存储和处理本身采集的数据及其他结点发来的数据；

无线通信模块负责与其他传感器结点进行无线通信，交换控制消息和收发采集数据；能量供应模块为传感器结点提供运行所需的能量。

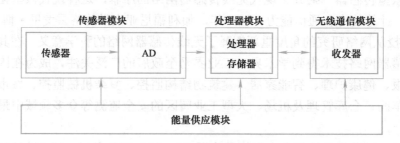

图4-53　无线传感器结点体系的结构

传感器结点在无线传感器网络中可以作为数据采集者、数据中转站或簇头结点。作为数据采集者，数据采集结点周围的环境数据，通过通信路由器协议直接或间接地将数据传递给远方基站或汇聚结点；作为数据中转站，结点除了完成数据采集任务以外，还要接受邻居结点的数据，将其发送给距离基站更近的邻居结点或直接发送到基站或汇聚结点；作为簇头结点，结点负责收集该簇内所有结点采集到的数据，经过数据融合后，发送到基站或结点。

在无线传感器网络中，传感器的结点可以通过飞机播撒、人工安装等方式部署在感知对象内部、附近或周边等地。这些结点通过自组织或设定方式组网，以协作方式感知、采集和处理覆盖区域中特定的信息，实现对信息在任意地点、任意时间的采集、处理和分析，并以多跳中继的方式将数据传回汇聚结点。

（2）无线传感器网络的网络结构

无线传感网由部署在监测区域内、具有无线通信与计算能力的大量的廉价微型传感器结点组成，通过自组织方式构成能够根据环境完成指定任务的分布式、智能化网络系统。无线传感网的结点间一般采用多跳（Multi-Hop）方式进行通信。传感器的结点协作监控不同位置的物理或环境状况（如温度、湿度、声音、光照度等）。

一个典型的无线传感器网络体系结构如图4-54所示。

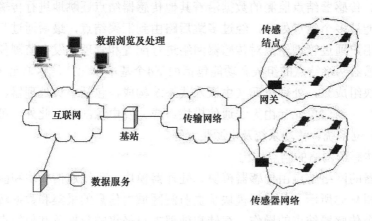

图4-54　无线传感器网络体系结构

知识拓展

无线传感器网络的结构

无线传感器网络的拓扑结构有3种：星状网、网状网和混合网，如图4-55所示。

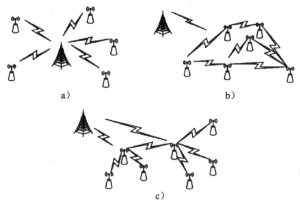

图4-55　无线传感器网络的拓扑结构
a）星状网络拓扑结构　b）网状网络拓扑结构　c）混合网络拓扑结构

疑难解析

传感器与无线传感器网络的关系

从系统组成上看，无线传感器网络可以看作多个增加了无线通信模块的智能传感器组成的自组织网络；从功能上看，传感器和无线传感器网络大致相同，都是用来感知监测环境信息的，不过显然无线传感器网络具备更高的可靠性。

4. 认识无线传感器网络的协议

与传统网络协议类似，无线传感器网络协议也大致包括物理层、数据链路层、网络层、传输层和应用层协议，形成一个分层模型。

物理层通信协议主要解决传输介质选择、传输频段选择、无线收发器的设计、调制方式等问题。由于无线传感器结点的能量有限，物理层（包括其他层）的一个核心设计原则就是节能。无线传感器网络使用的传输介质主要包括无线电、红外线、光波等，其中无线电是目前最主要的传输介质。使用这种介质需要解决频段选择、调制方式的选择等问题。

数据链路层的研究主要集中在MAC协议。无线传感器网络的MAC协议旨在为资源（特别是能量）受限的大量传感器结点建立具有自组织能力的多跳通信链路，实现公平优先的通信资源共享，处理数据包之间的碰撞，重点是如何节约能源。数据链路层的MAC协议又包括以下几种工作方式：

（1）基于随机竞争的MAC协议

基于随机竞争的MAC协议为周期侦听/睡眠，结点尽可能处于睡眠状态，降低能耗。通过睡眠调度机制减少结点空闲侦听时间；通过流量自适应侦听机制减少消息传输延迟；根据流量动态调整结点活动时间，用突发方式发送信息，减少空闲侦听时间。

（2）基于TDMA（时分多址）的MAC协议

将所有结点分成多个簇，每簇有簇头，为簇内所有结点分配时槽，收集和处理簇内结点发来的数据，发送给汇聚结点。

也可将一个数据传输周期分为调度访问阶段和随机访问阶段。调度访问阶段由多个连续的数据传输时槽组成，每个时槽分给特定结点，用来发送数据。随机访问阶段由多个连续的信令交换时槽组成，用于处理结点的添加、删除及时间同步等。

网络层路由协议主要包括基于聚簇的路由协议、基于地理位置的路由协议、以数据为中心的路由协议、能量感知路由协议等，见表4-3。

表4-3　网络层各协议

协议	内容
基于聚簇的路由协议	根据规则把所有结点集分为多个子集，各集为一个簇，有簇头，负责全局路由，其他结点通过簇头接收或发送数据
基于地理位置的路由协议	假定各结点都知道自己的地理位及目标结点的地理位置
以数据为中心的路由协议	结点不具有全局唯一地址，而是观测数据的属性。汇聚结点将兴趣消息（监测数据）传播到整个或部分区内的结点。传播中，协议在每个结点上建立反向的从数据源到汇聚结点的传输路径，再把数据沿已确定的路径向汇聚结点传送。但该类协议的能量和时间消耗大
能量感知路由协议	源结点和目标结点间建立多条通信路径，各路径具有一个与结点剩余能量相关的选择概率，当源结点向目的结点传输数据时，协议根据路径的选择概率选择一条路径传输

5. 了解无线传感器网络的特点

（1）规模大

为了获取精确的信息，在监测区域内通常部署大量传感器结点，可能达到成千上万个，甚至更多。无线传感器网络的大规模性包括两方面的含义：一方面，传感器结点分布在很大的地理区域内，如在原始大森林采用传感器网络进行森林防火和环境监测，需要部署大量的传感器结点；另一方面，传感器结点部署很密集，即在面积较小的空间内密集部署了大量的传感器结点。

无线传感器网络的大规模性具有如下优点：通过不同空间视角获得的信息具有更大的信噪比；通过分布式处理大量的采集信息能够提高监测的精确度，降低对单个结点传感器的精度要求；大量冗余结点的存在使得系统具有很强的容错性能；大量结点能够增大覆盖的监测区域，减少洞穴或盲区。

（2）自组织

在无线传感器网络应用中，通常情况下传感器结点被放置在没有基础结构的地方，传感器结点的位置不能预先精确设定，结点之间的相互邻居关系预先也不知道，如通过飞机播撒大量传感器结点到面积广阔的原始森林中，或者随意放置到人不可到达的区域或危险的区域，这样就要求传感器结点具有自组织的能力，能够自动进行配置和管理，通过拓扑控制机制和网络协议自动形成转发监测数据的多跳无线网络系统。

在无线传感器网络使用过程中，部分传感器结点由于能量耗尽或环境因素造成失效，也有一些结点为了弥补失效结点、增加监测精度而补充到网络中，这样在无线传感器网络中的结点个数就动态地增加或减少，从而使网络的拓扑结构随之进行动态变化。无线传感器网络的自组织性要能够适应这种网络拓扑结构的动态变化。

（3）动态性

无线传感器网络的拓扑结构可能因为下列因素而改变：①环境因素或电能耗尽造成的传感器结点故障或失效；②环境条件变化可能造成无线通信链路带宽变化，甚至时断时通；③传感器网络的传感器、感知对象和观察者这三要素都可能具有移动性；④新结点的加入。这就要求传感器网络系统要能够适应这种变化，具有动态的系统可重构性。

（4）可靠性

无线传感器网络特别适合部署在恶劣环境或人类不宜到达的区域，结点可能工作在露天环境中，遭受日晒、风吹、雨淋，甚至遭到人或动物的破坏。传感器结点往往采用随机部署，如通过飞机撒播或发射炮弹到指定区域。以上这些都要求传感器结点非常坚固，不易损坏，适应各种恶劣环境条件。

由于监测区域环境的限制及传感器结点数目巨大，不可能人工"照顾"每个传感器结点，网络的维护十分困难甚至不可维护。无线传感器网络的通信保密性和安全性也十分重要，要防止监测数据被盗取和获取伪造的监测信息。因此，无线传感器网络的软件和硬件必须具有鲁棒性和容错性。

（5）以数据为中心

互联网是先有计算机终端系统，然后再互联成为网络的。终端系统可以脱离网络独立存在。在互联网中，网络设备用网络中唯一的IP地址标识，资源定位和信息传输依赖于终端、路由器、服务器等网络设备的IP地址。如果想访问互联网中的资源，首先要知道存放资源的服务器的IP地址。可以说，现有的互联网是一个以地址为中心的网络。

无线传感器网络是任务型的网络，脱离无线传感器网络谈论传感器结点没有任何意义。无线传感器网络中的结点采用结点编号标识，结点编号是否需要全网唯一取决于网络通信协议的设计。由于传感器结点随机部署，构成的无线传感器网络与结点编号之间的关系是完全动态的，表现为结点编号与结点位置没有必然联系。用户使用传感器网络查询事件时，直接将所关心的事件通告给网络，而不是通告给某个确定编号的结点。网络在获得指定事件的信息后汇报给用户。这种以数据本身作为查询或传输线索的思想更接近于自然语言交流的习惯。所以，通常说无线传感器网络是一个以数据为中心的网络。

例如，在应用于目标跟踪的无线传感器网络中，跟踪目标可能出现在任何地方，对目标感兴趣的用户只关心目标出现的位置和时间，并不关心哪个结点监测到目标。事实上，在目标移动的过程中，必然是由不同的结点提供目标的位置消息。

（6）集成化

传感器结点的功耗低，体积小，价格便宜，实现了集成化。其中，微机电系统技术的快速发展为无线传感器网络结点实现上述功能提供了相应的技术条件，在未来，类似"灰尘"的传感器结点也将会被研发出来。

（7）具有密集的结点布置

在安置传感器结点的监测区域内，布置有数量庞大的传感器结点。通过这种布置方式可以对空间抽样信息或多维信息进行捕获，通过相应的分布式处理，即可实现高精度的目标检测和识别。另外，这种布置方式也可以降低单个传感器的精度要求。密集布设结点之后，将会存在很多的冗余结点，这一特性能够提高系统的容错性能，对单个传感器的要求大大降低了。最后，适当将其中的某些结点进行休眠调整，还可以延长网络的使用寿命。

（8）协作方式执行任务

协作方式执行任务通常是指信息的协作式采集、协作式处理、协作式存储及协作式传输。通过协作的方式，传感器的结点可以共同实现对对象的感知，得到完整的信息。这种方式可以有效地克服处理和存储能力不足的缺点，共同完成复杂的任务。在协作方式下，传感器之间的结点实现远距离通信，可以通过多跳中继转发，也可以通过多结点协作发射的方式进行。

（9）自组织方式

之所以采用自组织工作方式，是由无线传感器自身的特点决定的。由于事先无法确定无线传感器结点的位置，也不能明确它与周围结点的位置关系，同时，有的结点在工作中有可能会因为能量不足而失去效用，则另外的结点将会补充进来弥补这些失效的结点，还有一些结点被调整为休眠状态，这些因素共同决定了网络拓扑的动态性。这种自组织工作方式主要包括自组织通信、自调度网络功能及自管理网络等。

6. 体验无线传感器网络的应用

随着计算成本的下降及微处理器体积越来越小，已经有为数不少的无线传感器网络开始投入使用。目前，无线传感器网络的应用主要集中在以下领域：

（1）无线传感器网络在环境的监测和保护方面的应用

随着人们对环境问题的日益关注，环境监测所涉及的范围越来越广，由于传统的数据采集方式难以适应复杂多变的环境，而无线传感器网络具有自组织性和较好的容错能力，所以其非常适合应用于野外环境，极大地方便了环境研究所需的原始数据的获取。

典型案例：

在太湖大范围水域布放传感器，通过无线传输方式24h监测太湖水质的各项变化，并将数据及时传回数据中心，如图4-56所示。

图4-56　太湖水自动监测工程

科学家在海拔4093m的南极冰穹A地区布设监测冰雪变化的无线传感网络，将南极冰雪表面数据与空中的遥感卫星监测数据相结合，对南极冰穹开展天地一体的监测研究，如图4-57所示。

图4-57　冰雪监测系统

（2）无线传感器网络在农业生产中的应用

无线传感器网络可以监测农作物灌溉情况、土壤与空气变更情况、牲畜和家禽的生长环境状况，以及进行大面积的地表检测，从而获得农作物生长的最佳条件，为温室精准调控提供科学依据，最终使温室中的传感器、执行机构标准化、数字化、网络化，从而达到增加作物产量、提高经济效益的目的。

典型案例：

北京市科委计划项目"蔬菜生产智能网络传感器体系研究与应用"正式把农用无线传感器网络示范应用于温室蔬菜生产中。在温室环境里，单个温室即可成为无线传感器网络的一个测量控制区，采用不同的传感器结点构成无线网络来测量土壤湿度、土壤成分、pH、降水量、温度、空气湿度和气压、光照强度、CO_2浓度等，以此获得农作物生长的最佳条件，为温室精准调控提供科学依据，最终使温室中的传感器、执行机构标准化、数字化、网络化，从而达到增加作物产量、提高经济效益的目的。图4-58为智慧农业生产控制系统。

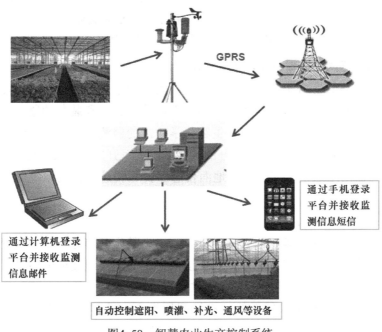

图4-58　智慧农业生产控制系统

113

2002年，英特尔公司率先在俄勒冈州建立了世界上第一个无线葡萄园。传感器结点被分布在葡萄园的每个角落，每隔1min检测一次土壤温度、湿度或该区域有害物的数量，以确保葡萄可以健康生长。研究人员发现，葡萄园气候的细微变化可极大地影响葡萄酒的质量，通过长年的数据记录及相关分析，便能精确地掌握葡萄酒的质地与葡萄生长过程中的日照、温度、湿度的确切关系。图4-59为农业生态环境监测实例。

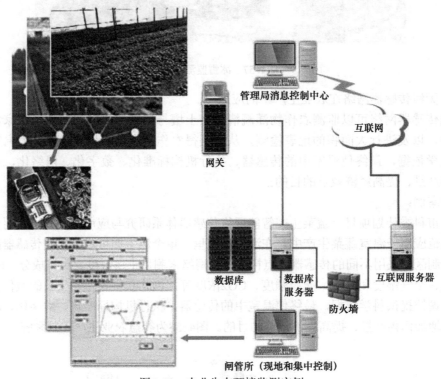

图4-59　农业生态环境监测实例

（3）无线传感器网络在军事领域中的应用

无线传感器网络具有可快速部署、自组织、隐蔽性强和高容错性的特点，因此非常适合在军事上应用。利用无线传感器网络能够实现对敌军兵力和装备的监控、战场的实时监视、目标的定位、战场评估、核攻击和生物化学攻击的监测和搜索等功能。目前，国际许多机构的课题都是以战场需求为背景展开的。例如，美军开展的C4KISR计划、Smart Sensor Web、灵巧传感器网络通信、无人值守地面传感器群、传感器组网系统、网状传感器系统（CEC）等。

典型案例：

2005年，美国军方成功测试了由美国Crossbow产品组建的枪声定位系统。如图4-60所示，结点被安置在建筑物周围，能够有效地按照一定的程序组建成网络进行突发事件（如枪声、爆炸源等）的检测，为救护、反恐提供有力手段。

上海浦东机场的周界防入侵系统：机场四周设立无线传感器警戒网，形成低空、地面、地下三维立体报警体系。每个结点由振动、声响、磁场和微波传感器等组成，如图

4-61所示。通过网络，机场可以随时监测周边况。

图4-60　狙击手定位系统

图4-61　上海浦东机场的周界防入侵系统

（4）无线传感器网络在建筑领域中的应用

我国正处在基础设施建设的高峰期，各类大型工程的安全施工及监控是建筑设计单位长期关注的问题。采用无线传感器网络，可以让大楼、桥梁和其他建筑物能够自身感觉并意识到它们的状况，使得安装了无线传感器网络的智能建筑自动告诉管理部门它们的状态信息，从而可以让管理部门按照优先级进行定期的维修工作。

典型案例：

利用适当的传感器，如压电式传感器、加速度传感器、超声传感器、湿度传感器等，可以有效地构建一个三维立体的防护检测网络，如图4-62所示。该系统可用于监测桥梁、高架桥、高速公路等道路环境。对许多老旧的桥梁，桥墩长期受到水流的冲刷，传感器能够放置在桥墩底部用以感测桥墩结构；也可放置在桥梁两侧或底部，收集桥梁的温度、湿度、振动幅度、桥墩被侵蚀程度等信息，能减少断桥所造成的生命和财产的损失。

图4-62　基于无线传感器网络的桥梁结构监测系统

对珍贵的古老建筑进行保护，是文物保护单位长期以来的工作重点。将具有温度、湿度、压力、加速度、光照等传感器的结点布放在重点保护对象当中，无须拉线钻孔，便可有效地对建筑物进行长期监测。此外，对于珍贵文物而言，在保存地点的墙角、顶棚等位置，监测环境的温度、湿度是否超过安全值，可以更妥善地保护展览品的品质，如图4-63所示。

图4-63　将无线传感器网络应用在珍贵文物的保护场地

（5）无线传感器网络在医疗护理中的应用

无线传感器网络在检测人体生理数据、监测老年人健康状况、管理医院药品及远程医疗等方面发挥出色的作用。在病人身上安置体温采集、呼吸、血压等测量传感器，医生可以远程了解病人的情况。利用无线传感器网络长时间地收集人的生理数据，这些数据在研制新药品的过程中非常有用。

典型案例：

美国英特尔公司研制了用于家庭护理的无线传感器网络系统。该系统是美国"应对老龄化社会技术项目"的一个环节。该系统在鞋、家具及家用电器等上面嵌入传感器，帮助老年人及患者、残障人士独立地进行家庭生活，并在必要时由医务人员、社会工作者进行帮助。研究人员开发出基于多个加速度传感器的无线传感器网络系统，用于进行人体行为模式监测，如坐、站、躺、行走、跌倒、爬行等，如图4-64所示。该系统使用多个传感器结点，安装在人体几个特征部位。系统实时地把人体因行动而产生的三维加速度信息进行提取、融合、分类，进而由监控界面显示受监测人的行为模式。这个系统稍加产品化，便可成为一些老人及行动不便的病人的安全助手。同时，该系统也可以应用到一些帮助残障人士的康复中心，对病人的各类肢体恢复进展进行精确测量，从而为设计复健方案带来宝贵的参考。

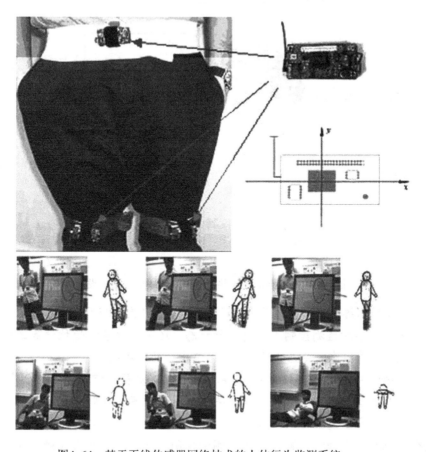

图4-64　基于无线传感器网络技术的人体行为监测系统

思考提升

无线传感器网络在智能家居中是怎样工作的

图4-65是一个无线传感器网络在智能家居中的应用设计方案。由智能家居系统平台的结构图可见，无线网关（汇聚结点）是整个网络平台的核心，各个不同协议子网之间的互联和信息共享都需要通过网关进行，它可以接收各种家电、灯具、安防监控设备、居室环境监控单元及通用遥控器等无线设备发送上来的信息，也可以对这些信息进行智能处理后反馈给相应的设备。另一方面，无线网关还可以同局域网/互联网、公用电话网、短信系统等连接，在非现场区域对家庭网络进行遥控监测。

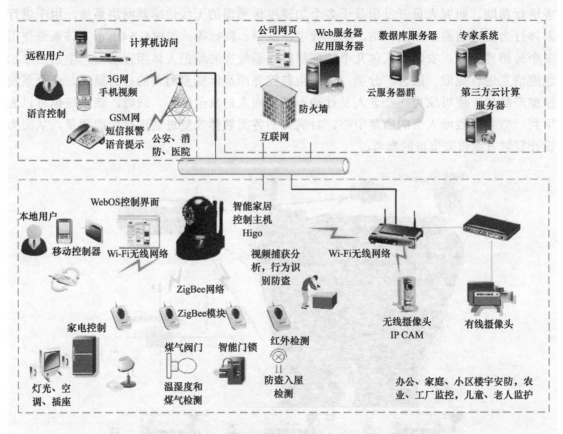

图4-65　无线传感器网络在智能家居中的应用的设计方案

在家庭无线网络平台中，通用遥控设备上有GUI（图形用户接口），它不仅可以控制各种家用电器及各种监测控制单元的运行状态，还可以对各种受控设备进行设备添加、删除、参数设置等操作，实现对家庭无线网络平台的现场控制。

在网络平台中，各种网络家电设备，如电视、冰箱、空调、热水器等，形成了一个应用平台。这些设备可以接收无线网关或通用遥控器的控制，也可以把自身的工作状态，甚至故障告警信息上传到无线网关，进而通过互联网或电话网告知相关人员。安防监控子网用来对家庭的门、窗等进行监测和控制。一旦有人非法入侵，安防单元就会立即启动报警系统，并通过无线网关把安防报警信息传递给相关人员或部门。

图像采集装置可以记录非法入侵人员的资料。居室环境监控子网对家庭内的各种有害气体、火灾等进行监测和控制。这个单元采用了模糊智能控制技术，一旦预测到有灾情发生，会立即进行关联控制。例如，启动通风设备减小有害气体浓度，启动灭火装置消除隐患。灯光控制子网可以提供舒适的光源和有效的节能措施，方便用户的生活和工作。

在此电路中，用户在户外拨通家庭电话，客厅内电话接口模块根据振铃次数决定是否摘机；如果摘机，该模块通过语音反馈到户外电话，提示用户输入系统操作密码；待输入的密码得到确认后，用户获取智能家居系统执行权，在语音提示下，分别对家用电器进行控制。户外控制信息经过电话接口模块进入家庭以太网，并发送到分布在家庭内部的各个终端结点；终端结点分析控制信息，判断是否为发送到本地的信息，以及是否需要执行相关操作。例如，用户在下班回家途中拨通家庭电话，输入正确密码后，在语音提示下有选择地打开卫生间内的热水器（操作由卫生间内的自动控制模块执行）、客厅内的电灯（操作由客厅内的自动控制模块执行），再打开厨房内的电饭锅开始煮饭（操作由厨房内的自动控制模块执行）。

 知识拓展

智能家居系统应用实例

某日下午2点，陈先生正在工作中，桌上的手机忽然发出剧烈振动和铃声，他打开手机一看图片，一个30多岁的中年男子正在撬门，意图非法闯入，同时手机短信提示：有人非法闯入，请注意。

陈先生立即和社区物业取得联系，要求对方派保安上门查看情况。3min后，两名保安赶到陈先生家，在门口看到一名神色慌张的男子拿着铁钳正在撬门，立即将其制服，扭送到派出所。

后来，陈先生了解到事情的全部过程，兴奋地说："有了智能家居以后，人虽然变懒了，安全系数却大大提高了。"据该小区物业介绍，自从业主安装了智能家居系统以后，整个小区构建了立体防控体系，入室盗窃的案件大大降低，即使发生案件，也是作案未遂，确实让业主的生命和财产安全有了保障。

◆　项目能力巩固

1. 仔细观察身边的环境事物，寻找一下生活中还有哪些传感器的应用。
2. 列举当前市场面上有哪些传感器模块，并说说现实或未来这些传感器的作用？
3. 无线传感器网络的特点是什么？

119

◆ 项目知识总结与提炼

　　传感器一般由敏感元器件、转换元器件、变换电路和辅助电源4部分组成。在生活中，传感器无处不在，与人们的生活密不可分。本项目介绍了传感器的各种应用，分解介绍了人们常用的智能手机等所集成的各类传感器样式。通过大量的传感器网络的应用实例，让大家对无线传感器和无线传感器网络有更进一步的理解。

项目学习自我评价表

能力	学习目标	核心能力点	自我评价
职业岗位能力	传感器的概念与常见分类	认识生活中的传感器	
		了解传感器的定义与组成	
		熟知传感器的常见分类	
		了解传感器的发展趋势	
		了解传感器在生活中的十大妙用	
	分解传感器	了解智能手机中的传感器	
		掌握智能家居中的传感器	
	无线传感器网络	知道无线传感器网络的概念	
		了解无线传感器网络的发展	
		了解无线传感器网络的结构	
		了解无线传感器网络的特点	
		熟知无线传感器网络的应用	
通用能力	沟通表达能力		
	解决问题能力		
	综合协调能力		

项目5　推介物联网通信技术

项目背景及学习目标

　　迈联公司通过几个成功的项目使生意越做越大，王经理通过对业务的分析，发现大部分的客户都是请公司从整体设计到安装一起完成的，主要的原因是因为人们对物联网不了解，对能够实现哪些功能没有概念。在公司的例会上，王经理也做了总结，并希望公司员工能够多研究钻研并结合实际将物联网的技术和客户的需求相结合，设计出最有效且最经济的方法。

　　国内知名物流企业的本地主管李经理找到了王经理，该企业最近更新了公司的管理系统，该系统是根据该企业情况委托国内著名大学为其开发设计的，花了不少钱，在使用的过程中也确实使公司整体的操作流程规范很多，所有的货物加装了RFID，让货物的出入库、派送更有效率，管理起来也更方便，但仍然有一些问题困扰着他，如货物的丢失、监控设备故障率高、线路老化维修困难等。面对这些难题，李经理很想每件事都亲力亲为，但无奈总需要出差，整体的管理工作只能全权交给副经理。于是他找到王经理，希望王经理能给他出一个好主意，通过物联网技术来帮他解决实际问题。

　　王经理通过李经理的描述，经过分析，建议李经理更新传输通信方式。具体来说就是通过添加大量的无线通信设备来减少信息传输不畅和线路问题，安装各类传感器来采集仓库的各种参数，并设总控制台来进行统一管理。出差在外时，李经理可以通过智能手机进入公司系统，实时查看仓库和派发的货物的各类信息，如仓库入库数、派送数和店内监控画面等，并进行指令操作，提高远程办公的工作效率，让整个物流公司的管理更加智能化，如图5-1所示。

图5-1　智能化的物流管理

　　本章主要介绍移动通信网络、短距离无线通信技术、现场总线技术、泛在网络，以及泛在网络架构等内容。

- 了解移动通信技术。
- 了解泛在网络。
- 初步掌握移动通信技术系统的基本构成、工作原理和技术特点。
- 掌握现场总线技术的主要特性和用途。
- 重点掌握短距离无线通信的类别和典型的应用案例。

任务1　移动通信网络

◆　**任务描述**

王经理："通信是物联网的关键功能，没有通信，物联网感知的大量信息无法进行有效的交换和共享。没有通信的保障，物联网设备无法介入虚拟数字世界，数字世界与物理世界的融合也无从谈起。由于物联网对通信的强烈需求，物联网通信包含了几乎现有的所有通信技术，包括有线通信和无线通信。李经理可以通过手机访问公司系统和对公司的监控来实现远程办公。"

◆　**任务呈现**

物联网通信技术是在以往通信技术的基础上的一种升级和换代，最主要的特点是实现了数据的无线化和智能化。物联网通信技术的稳定性也是非常不错的。随着技术的发展，手机在功能的应用上除了通话之外还可以做很多其他的事情。首先介绍一下手机通信的核心技术——移动通信网络技术。

1. 移动通信网络的发展

移动通信技术可以说从无线电通信发明之日就产生了。1897年，M. G. 马可尼所完成的无线通信试验就是在固定站与一艘拖船之间进行的，距离为18n mile（海里）。而现代移动通信技术的发展始于20世纪20年代。图5-2为贝尔电话公司启动车载无线电话服务。

图5-2　贝尔电话公司启动车载无线电话服务

在这期间，首先在短波几个频段上开发出专用移动通信系统，其代表是美国底特律市警察使用的车载无线电系统。该系统的工作频率为2MHz，到20世纪40年代提高到30～40MHz。可以认为这个阶段是现代移动通信的起步阶段，特点是专用系统开发，工作频率较低。

在20世纪40年代中期至20世纪60年代初期，公用移动通信业务开始问世。1946年，根据美国联邦通信委员会（FCC）的计划，贝尔系统在圣路易斯城建立了世界上第一个公用汽车电话网，称为"城市系统"。当时使用3个频道，间隔为120kHz，通信方式为单工。随后，联邦德国（1950年）、法国（1956年）、英国（1959年）等国相继研制了公用移动电话系统。美国贝尔实验室完成了人工交换系统的接续问题。这一阶段的特点是从专用移动网向公用移动网过渡，接续方式为人工，和现在的通信网比较而言，容量较小。图5-3为人工交换台。

图5-3　人工交换台

在20世纪60年代中期至20世纪70年代中期，美国推出了改进型移动电话系统（IMTS），使用150MHz和450MHz频段，采用大区制、中小容量，实现了无线频道自动选择并能够自动接续到公用电话网。联邦德国也推出了具有相同技术水准的B网。可以说，这一阶段是移动通信系统改进与完善的阶段，其特点是采用大区制、中小容量，使用450MHz频段，实现了自动选频与自动接续。

1978年底，美国贝尔试验室研制成功了先进的移动电话系统（AMPS），建成了蜂窝状移动通信网，大大提高了系统容量。该阶段称为1G（第一代移动通信技术），主要采用的是模拟技术和频分多址（FDMA）技术。

知识拓展

移动通信大发展的原因

除了用户要求迅猛增加这一主要推动力之外，还有几方面技术进展所提供的条件。首先，微电子技术在这一时期得到长足发展，这使得通信设备的小型化、微型化有了可能性，各种轻便电台被不断推出。其次，提出并形成了移动通信新体制。随着用户数量的增加，大区制所能提供的容量很快饱和，这就必须探索新体制。在这方面最重要的突破是贝尔试验室在20世纪70年代提出的蜂窝网的概念，其解决了公用移动通信系统要求容量大与频率资源有限的矛盾。最后，随着大规模集成电路的发展而出现的微处理器技术日趋成熟，以及计算机技术的迅猛发展，为大型通信网的管理与控制提供了技术手段。

以AMPS和TACS（全接入通信系统）为代表的第一代移动通信模拟蜂窝网虽然取得了很大成功，但也暴露了一些问题，如容量有限、制式太多、互不兼容、话音质量不高、不能提供数据业务、不能提供自动漫游、频谱利用率低、移动设备复杂、费用较贵及通话易被窃听等，最主要的问题是其容量已不能满足日益增长的移动用户的需求。图5-4为第一代移动电话。

图5-4　第一代移动电话

从20世纪80年代中期至今是数码移动通信系统发展和成熟时期。

手机也逐渐走近人们的生活，从最初的只能接打电话且待机半个小时的"大砖头"，到小巧精美的可以发送短信的功能手机，再到现在可以通过手机浏览网页和使用各种应用软件来聊天、购物、办公、娱乐的智能手机，可以说发展非常迅速图5-5为精彩的手机生活。

图5-5　精彩的手机生活

2．移动通信的基本原理

从技术更新换代的角度来说，移动通信可分为1G、2G、2.5G、3G、4G，每一代都伴随着技术的革新和新的应用范围。

（1）1G（The First Generation）

第一代移动通信技术的主要特征是采用模拟技术和频分多址（FDMA）技术，有多种制式。图5-6为此时所使用的移动通信设备——"大哥大"。

124

图5-6　大哥大——昂贵的"砖头"

　　模拟移动通信系统是蜂窝移动通信系统发展的早期阶段。在1946年，第一种公众移动电话服务被引进到美国的25个主要城市，每个系统使用单个大功率的发射机和高塔，覆盖区域超过50km，但仅能提供语音服务，却使用了极大的带宽。虽然经过了后来技术的进步而提高了频谱使用效率，提供了全双工、自动拨号等功能，但提供的服务由于频道的数量很少及呼叫阻塞等原因不能满足使用。

　　在20世纪50年代和20世纪60年代，AT&T的贝尔实验室和全世界其他的通信公司发展了蜂窝无线电话的原理和技术。利用在地域上将覆盖范围划分成小单元，每个单元复用频带的一部分以提高频带的利用率，即利用在干扰受限的环境下，依赖于适当的频率复用规划（特定地区的传播特性）和频分复用（FDM）来提高容量，从而实现了真正意义上的蜂窝移动通信。

　　（2）2G（The Second Generation）

　　第二代移动通信技术是从20世纪90年代初期开始被广泛使用的数字移动通信系统，采用的技术主要有时分多址（TDMA）和码分多址（CDMA）两种技术，它能够提供9.6～28.8kbit/s的传输速率。全球主要采用欧洲的GSM和北美的窄带CDMA两种制式（见图5-7），提供数字化的语音业务及低速数据化业务，克服了模拟系统的弱点。

图5-7　GSM和CDMA

125

1）GSM。GSM全名为Global System for Mobile Communications，中文为全球移动通信系统，起源于欧洲的移动通信技术标准，其开发目的是让全球各地可以共同使用一个移动电话网络标准，让用户使用一部手机就能行遍全球。

GSM比模拟移动电话有很大的优势，但在频谱效率上仅是模拟系统的3倍，容量有限；在语音质量上也很难达到有线电话的水平。

2）CDMA。CDMA是码分多址的英文缩写（Code Division Multiple Access），它是在数字技术的分支——扩频通信技术上发展起来的一种崭新而成熟的无线通信技术。CDMA技术的原理基于扩频技术，即需传送的具有一定信号带宽的信息数据，用一个带宽远大于信号带宽的高速伪随机码进行调制，使原数据信号的带宽被扩展，再经载波调制并发送出去。接收端使用完全相同的伪随机码，与接收的带宽信号作相关处理，把宽带信号换成原信息数据的窄带信号即解扩，以实现信息通信。

CDMA是近年来在数字移动通信进程中出现的一种先进的无线扩频通信技术，它能够满足市场对移动通信容量和品质的高要求，具有频谱利用率高、话音质量好、保密性强、掉话率低、电磁辐射小、容量大、覆盖广等特点，可以大量减少投资和降低运营成本。

（3）2.5G

2.5G是一种介于2G和3G之间的无线技术，由于3G是个相当浩大的工程，所牵扯的层面多且复杂，要从2G迈向3G不可能一下就衔接得上，因此出现了介于2G和3G之间的2.5G。GPRS、WAP、EDGE、蓝牙（Bluetooth）、EPOC等技术都是2.5G技术。2.5G网络工作原理如图5-8所示。

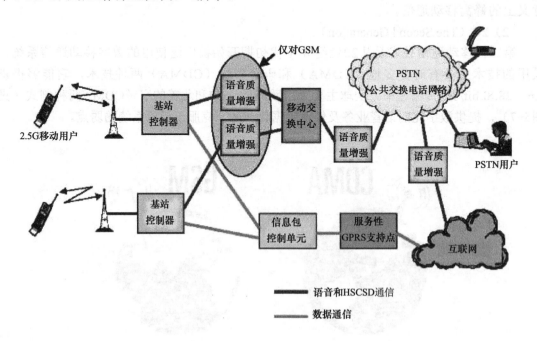

图5-8　2.5G网络工作原理

知识拓展

GPRS即通用分组无线业务（General Packet Radio Service），是在GSM网络上开通的一种新型的分组数据传输技术。相对于原来GSM以拨号接入的电路交换数据传送方式，GPRS是分组交换技术，具有"永远在线""自如切换""高速传输"等优点，它能全面提升移动数据通信服务，使服务更丰富、功能更强大，给生活和工作带来更多便捷与实惠。

EDGE（Enhanced Data Rate for GSM Evolution）是增强型数据速率GSM演进技术。EDGE是一种从GSM到3G的过渡技术，它主要是在GSM系统中采用了一种新的调制方法，即最先进的多时隙操作和8PSK调制技术。

（4）3G（The Third Generation）

国际电信联盟在2000年5月确定W-CDMA、CDMA2000、TD-SCDMA及WiMAX4大主流无线接口标准，写入3G技术指导性文件《2000年国际移动通信计划》（简称IMT 2000）。

可以说，IMT 2000基本上集中了国际上20世纪90年代的技术进展，即在2000年，在2000MHz频段上，利用第三代移动通信提供从基本语音服务到高速数据服务，能够接入互联网。第三代移动通信系统同时提供电路交换和分组交换业务，数据速率从最低的8kbit/s到384kbit/s，直至最高的2Mbit/s。它能提供对称和非对称业务，支持互联网浏览和视频会议。

图5-9　21世纪初3G"席卷"全球

1）W-CDMA。W-CDMA又称WCDMA，全称是Wideband CDMA，意为宽带分码多重存取，这是基于GSM网发展出来的3G技术规范。这套系统能够架设在现有的GSM网络上，对于系统提供商而言可以较轻易地过渡。它是欧洲提出的宽带CDMA技术，与日本提出的宽带CDMA技术基本相同，目前正在进一步融合。

2）CDMA2000。CDMA2000是由窄带CDMA技术发展而来的宽带CDMA技术，也称为CDMA Multi-Carrier，这套系统是从窄频CDMAOne数字标准衍生出来的，可以从原有的

CDMAOne结构直接升级为3G，建设成本低廉。它是由美国高通北美公司为主导提出的，Motorola（摩托罗拉）、Lucent和后来加入的韩国三星都有参与，韩国现在成为该标准的主导者。国内三大运营商和其3G网络格式如图5-10所示。

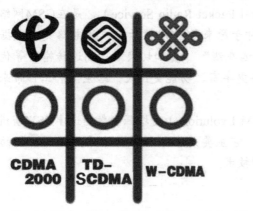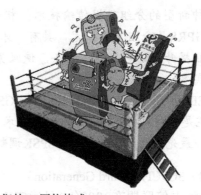

图5-10　国内三大运营商和他们的3G网络格式

3）TD-SCDMA。TD-SCDMA的全称为Time Division-Synchronous Code Division Multiple Access（时分同步CDMA），该标准将智能天线、同步CDMA和软件无线电等当今国际领先技术融于其中，在频谱利用率、频率灵活性及成本等方面具有独特优势。该标准是由中国制定的3G标准。1999年6月29日，中国原邮电部电信科学技术研究院向国际电信联盟（ITU）提出。

另外，由于中国庞大的市场，该标准受到各大主要电信设备厂商的重视，全球一半以上的设备厂商都宣布可以支持TD-SCDMA标准。该标准提出不经过2.5G的中间环节，直接向3G过渡，非常适用于GSM系统向3G升级。

4）WiMAX。WiMAX的全称是Worldwide Interoperability for Microwave Access（微波存取全球互通），又称为IEEE 802.16无线城域网，是一种为企业和家庭用户提供"最后一公里"的宽带无线连接方案，如图5-11所示。将此技术与需要授权或免授权的微波设备相结合之后，由于成本较低，将扩大宽带无线市场，改善企业与服务供应商的认知度。2007年10月19日，国际电信联盟在日内瓦举行的无线通信全体会议上，经过多数国家投票通过，WiMAX正式被批准成为继W-CDMA、CDMA2000和TD-SCDMA之后的第四个全球3G标准。

图5-11　第四种3G格式——WiMAX

答疑解惑

为什么4G这么快就来了

在3G移动通信的各项应用尚在不断发展、各种新应用层出不穷的情况下，各大运营商已经开始积极准备和实现4G，主要是针对3G通信存在的以下几个问题展开的：

1）标准问题。3G没有统一的世界标准，各标准间互不兼容，难以做到全球无缝隙漫游。

2）网络结构。3G语音通信继承了2G的网络基础结构，而不是构建在IP网络结构上，故不支持WLAN、FWA、PAN等的互联。

3）业务质量（QoS）。3G的多媒体业务，特别是视频传输达不到高清晰度的要求。

4）传输速率。3G数据传输速率虽然有所提高，但不支持高速流媒体业务，难以快速传递大文本和大的电子邮件附件。

显然，这些问题均已不能在3G架构解决，而要采用全新的系统架构，由此才萌发了4G通信的概念。另一方面，传统通信源于语音服务，进入3G时代，数据通信呈现了爆炸式增长，用户需要更高的宽带和更佳的体验，因此，各国运营商必须扩大网络容量，提高接入速度，提供相应的强大后台支撑系统、计费系统和监测系统，在此前景下，4G通信就成为全球移动通信发展和必然选择。

（5）4G

4G是第四代移动通信的简称。与3G等传统通信技术相比，4G通信技术最明显的优势在于其通话质量、数据通信速度和多媒体业务方面，即其同时具有更高的数据传输速率、更好的业务质量（QoS）、更高的频谱利用率、更高的安全性、更高的智能性、更佳的传输质量和更高的灵活性，支持多种业务，见表5-1。各制式的发展，如图5-12所示。

表5-1 4G的优点

优点	内容
传输速率	第一代模拟通信系统仅能提供语音服务；第二代数字式移动通信系统的传输速率也只有9.6kbit/s，最高可达32kbit/s；第三代移动通信系统的数据传输速率可达到2Mbit/s；第四代移动通信系统的数据传输速率可达10～20Mbit/s，甚至可达100Mbit/s
网络频谱	每个4G信道将占有100MHz的频谱，相当于W-CDMA 3G网络的20倍。从频率资源上看，3G使用1.8～2.5GHz的频率，频率资源不够丰富。而4G使用2～8GHz的频率，其频谱效率可达5bit/s·Hz，能满足日益增长的手机用户数量。因此，4G要比3G更能自适应地进行频率资源分配
标准制式	4G通信将建立在统一标准上，故能方便地实现全球无缝隙漫游
覆盖性	由于3G没有统一的标准，在采用不同制式的通信区域间漫游和互通等方面就存在一系列的技术问题，而4G可方便地实现全球互通与漫游，无缝通信。4G还可以在DSL和有线电视调制解调器没有覆盖的地方部署，然后再扩展到各个地区
互联性	4G是基于IPv6的网络，支持下一代互联网中的所有信息设备，能在IPv6网络上实现语音和多媒体业务。IPv6网络能更好地支持各项移动业务，具有更高的安全性和无限制的地址空间；支持多种异构的宽带无线网络之间的整合；更易于实现多种系统、多种服务的兼容
成本	由于技术的先进性确保了4G系统和基础设施投资的大大减少，4G通信费用也将比3G的通信费用低

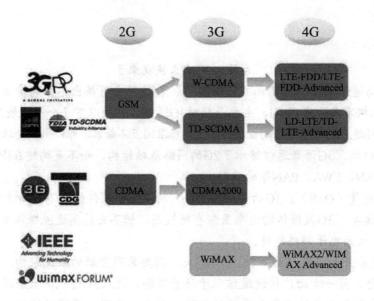

图5-12　各制式的发展

为满足各种不同用户的需求，提供最佳的服务，需要通过增添新的频段、扩展频谱资源、提供不同类型的通信接口、运用路由技术为主的网络架构来实现第四代网络架构。移动通信会向数据化、高速化、宽带化、频段更高化方向发展，移动数据、移动IP预计会成为未来移动网的主流业务。

表5-2　各代移动通信技术对比

移动通信技术	核心技术	通信标准	传输速率	特点
第一代（1G）	模拟技术	NMT 等数十种	2.4kbit/s	① 业务量小 ② 质量差 ③ 无加密，安全性差 ④ 速度低
第二代（2G）	数字技术	GSM 窄带CDMA	9.6～28.8kbit/s	① 系统容量增加 ② 能耗低 ③ 成本低
第三代（3G）	智能信号处理技术	W-CDMA CDMA2000 TD-SCDMA	2Mbit/s	① 采用宽带射频信道 ② 实现多业务 ③ 多速率传送 ④ 快速功率控制
第四代（4G）	无线局域网 （WLAN）	TD-LTE FDD-LTE	50～100Mbit/s	① 通信速度快 ② 网络频谱宽 ③ 通信灵活 ④ 智能性能高 ⑤ 兼容性好

知识拓展

5G将是下一代通信技术，目前正在研究中，还没有任何电信公司或标准制定组织（如3GPP、WiMAX论坛及ITU-R）的公开规格或官方文件提到5G的标准。

但从一些资料中可以看出5G与4G、3G、2G不同，5G并不是一个单一的无线接入技术，也不是几个全新的无线接入技术，而是多种新型无线接入技术和现有无线接入技术（4G后向演进技术）集成后的解决方案总称。从某种程度上讲，5G是一个真正意义上的融合网络。

2013年4月19日，IMT-2020（5G）推进组第一次会议在北京召开，这是由工信部、发改委、科技部为支持和推动5G共同成立的组织。科技部投入了约3亿元，先期启动了国家863计划第五代移动通信系统重大研发项目，除了国内的企业和研究机构，华为等国际公司也参与其中。

除华为外，目前，全球各大通信厂商也在5G领域加速布局，如移动运营商NTT DoCoMo正联合阿尔卡特朗讯、爱立信、富士通、NEC、Nokia（NSN）和三星这6家移动技术供应商，共同进行5G移动技术试验。爱立信已实现了每秒5G的传输速率。

任务2　短距离无线通信技术

◆　**任务描述**

李经理："物流公司最重要的工作就是快速完整地将货物送到客户的手中，但频繁出现商品被盗的事件给公司造成了极大的损失。为了预防，我在很早之前就在仓库的各个位置安装了摄像头，防止盗窃，但经常出现黑屏或无法调取之前录像等问题，每次修完过不了多长时间就又会坏掉。技术人员说是因为我们当初安装的时候基础布线不合理，造成线路杂乱，给维修造成了很大困难。"

王经理："那建议您在保留原有设备的基础上更换网络摄像头，网络摄像头是通过无线通信技术来传输数据的，线路老化和混乱的问题也就解决了。"

李经理："哦，还是利用手机的移动通信网络吗？"

王经理："考虑到超市的占地面积和费用问题，这次我们使用大量短距离无线通信技术的设备来解决问题。"

◆　**任务呈现**

短距离无线通信相对于长距离无线通信有通信距离短、低功耗、低成本、无中心、自组网、对等通信、无须申请无线频道等特点。这样不但能节约开销，方便管理，在出现摄像头损坏的时候也比较方便维修，不影响其他设备的正常使用。下面介绍几种常用的无线通信技术及相关的应用。

131

1. ZigBee

2002年，英国的Invensys公司、日本的Mitsubishi公司、美国的Motorola公司、荷兰的Philips公司等联合发起成立了ZigBee联盟，旨在建立一个低成本、低功耗、低数据传输速率、短距离的无线网络技术标准。

知识拓展

ZigBee名称的由来

ZigBee又称紫峰协议，其名称来源于蜜蜂的舞蹈，由于蜜蜂（Bee）是靠飞翔和"嗡嗡"（Zig）地抖动翅膀的"舞蹈"来向同伴传递花粉所在方位的信息，也就是说蜜蜂依靠这样的方式构成了群体中的通信网络。蜂群里蜜蜂的数量众多，所需食物不多，与设计初衷十分吻合，故命名为ZigBee，如图5-13所示。

图5-13　ZigBee 标志

简单地说，ZigBee是一种具有高可靠性的无线数传网络，类似于CDMA和GSM网络。数传模块类似于移动网络基站。通信距离从标准的75m到几百米、几公里，并且支持无限扩展。

在战争中，当一队伞兵空降后，每人持有一个ZigBee网络模块终端，降落到地面后，只要他们彼此间在网络模块的通信范围内，通过彼此自动寻找，很快就可以形成一个互联互通的ZigBee网络。而且，由于人员的移动，彼此间的联络还会发生变化。因而，模块还可以通过重新寻找通信对象确定彼此间的联络，对原有网络进行刷新。这就是自组织网。

网状网通信实际上就是多通道通信，在实际工业现场，由于各种原因，往往并不能保证每一个无线通道都能够始终畅通，就像城市的街道一样，可能因为车祸和道路维修等，而使某条道路的交通出现暂时中断，此时由于有多个通道，车辆（相当于控制数据）仍然可以通过其他道路到达目的地。而这一点对工业现场控制而言则非常重要。

所谓动态路由是指网络中数据传输的路径并不是预先设定的，而是传输数据前，通过对网络当时可利用的所有路径进行搜索，分析它们的位置关系及远近，然后选择其中的一条路径进行数据传输。在网络管理软件中，路径的选择使用的是"梯度法"，即先选择路径最近的一条通道进行传输，如传不通，再使用另外一条稍远一点的通路进行传输，以此类推，直到数据送达目的地为止。在实际工业现场，预先确定的传输路径随时都可能发生变化，或者因各种原因被中断，或者过于繁忙不能进行及时传送。动态路由结合网状拓扑结构，就可以很好地解决这个问题，从而保证数据的可靠传输。

与移动通信的CDMA或GSM不同的是，ZigBee主要是为工业现场自动化控制数据传输而建立的，因而，它必须具有简单、使用方便、工作可靠和价格低的特点。而移动通信网主要是为语音通信而建立的，每个基站价值一般都在百万元以上，而每个ZigBee"基站"却不到1000元。

ZigBee是一种低成本、低功耗、低速率、短距离无线网络技术，凡是具有上述特征或要求的场合都可以应用。典型的应用如工业控制、智能建筑、家庭自动化、无线传感器网络、能源管理、智能交通系统、医疗与健康监护系统、汽车、现代企业等，如图5-14所示。

图5-14　应用广泛的ZigBee

2. 蓝牙

早在1994年，瑞典的爱立信公司便已经着手蓝牙技术的研究开发工作，意在通过一种短程无线连接替代已经广泛使用的有线连接。1998年2月，爱立信、诺基亚、英特尔、东芝和IBM公司共同组建了兴趣小组，他们的共同目标是开发一种全球通用的小范围无线通信技术，即蓝牙技术。

蓝牙的工作频率为2.4GHz，有效范围大约在10m内，在此范围内，采用蓝牙技术的多台设备，如手机、计算机、打印机等能够无线互联，以约1Mbit/s的速率相互传递数据，并能方便地接入互联网。随着蓝牙芯片的价格和耗电量的不断降低，蓝牙已经成为手机和平板电脑的必备功能。

作为一种电缆替代技术，蓝牙具有低成本、高速率的特点，它可把内嵌有蓝牙芯片的计算机、手机和其他编写通信终端互联起来（见图5-15），为其提供语音和数字接入服务，实现信息的自动交换和处理，并且蓝牙的使用和维护成本低于其他任何一种无线技术。

图5-15　蓝牙技术

133

由于蓝牙技术所使用频段的开放性，其在短距离无线文件传输、同步、管理上的易行性，在各种设备上的普遍性，以及工作模式的多样性，蓝牙技术应用的范围非常广，发展潜力非常大，它对生活的作用无法忽视。

它的各种应用使得数字生活更加易于管理，各种数字产品更易于统一调用。它将会使人们的个人生活、工作生活、社会生活质量都迈上一个新台阶。

（1）家庭应用

随着科学技术不断发展，家庭中电子化产品日益增多，使用蓝牙可以便于住户统一管理。蓝牙技术所使用的频段是开放的频段，这就使得任何用户都可方便地应用蓝牙技术，而无须对频道的使用进行付费及其他处理。通过设置密码，用户可以使自家住宅的蓝牙私有化。在家中拥有数台计算机后，蓝牙的存在使用户只使用一部手机就可对任意一台计算机进行操控，或者进行文件传输、局域网访问、同步。并且，耳机音响等外围设备可由蓝牙操控，省去了各种电线的纠缠。而其他的家电，如冰箱、空调等，也可根据相似原理，通过蓝牙控制。内置蓝牙芯片的手机还可以在家中当作无绳电话使用，同时，它又可以被拥有蓝牙的计算机控制。这样，家庭中的各种家电被蓝牙连成一个无线的网络，使用某一个蓝牙终端，如手机，便可以对整个网络进行控制。

（2）办公应用

在办公室中，一个强大的"蓝牙网络"可以将办公信息即时更新，将各类文件高速推送。办公室中的各种内部交流也可以通过这个"蓝牙网"进行。无论是手机、计算机，还是打印机、数码相机，都可以利用蓝牙交流。蜘蛛网式的会议室也将被淘汰，白板记录仪、摄影机等都可以利用蓝牙技术来简化操作。

（3）公共场所

现今在公共场所，Wi-Fi更加普及，而在应用蓝牙后，设置蓝牙基站的企业可以通过蓝牙技术向覆盖范围内的所有终端传送企业广告。例如，餐厅可以通过蓝牙技术将顾客的点单同步到传送台和后厨，可以大大节约人力和时间成本。

1999年至2014年4月，蓝牙产品总出货量已超过90亿件，并且市场成长快速，预计2018年总出货量将达到320亿件。除键盘、耳机、音箱等传统蓝牙周边产品外，各种心率检测计、运动腕带、活动监测计和计步器等运动保健及个人编写医疗电子产品，都可通过智能手机、平板电脑等智能终端来控制，成为新型周边设备。蓝牙正是这些新产品与智能终端的主要连接方式。图5-16和图5-17所示为蓝牙耳机和蓝牙眼镜。

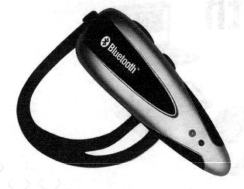

图5-16　蓝牙耳机

图5-17　蓝牙眼镜

答疑解惑

为什么要叫蓝牙

蓝牙的名字来源于10世纪丹麦国王Harald Blatand（哈拉尔蓝牙王）。公元960年，Blatand到达了他权力的最高点，征服了整个丹麦和挪威。而蓝牙是这个丹麦国王的"绰号"，因为他爱吃蓝梅，牙齿被染成蓝色，因此而得这一"绰号"。在行业协会筹备阶段，需要一个极具表现力的名字来命名这项高新技术。行业组织人员，在经过一夜关于欧洲历史和未来无限技术发展的讨论后，确定了用Blatand国王的名字来命名这种技术。

3. Wi-Fi

Wi-Fi（Wireless Fidelity，无线保真）技术与蓝牙技术一样，同属于在办公室和家庭中使用的短距离无线技术，如图5-18所示。该技术使用的是2.4GHz附近的频段，该频段是无须申请的ISM无线频段。其目前可使用的标准有两个，分别是IEEE 802.11a和IEEE 802.11b。该技术由于自身的优点，受到厂商的青睐，可以说是现在应用最广泛的一种无线通信技术。

图5-18 Wi-Fi标志

Wi-Fi是由AP（Access Point，无线访问结点）和无线网卡组成的无线网络，AP被当作传统的有线局域网络与无线局域网络之间的桥梁，其工作原理相当于一个内置无线发射器的HUB或路由；无线网卡则是负责接收由AP所发射信号的客户端（Client）设备。因此，任何一台装有无线网卡的PC、手机、平板电脑等设备均可透过AP分享有线局域网络甚至广域网络的资源。Wi-Fi的优点见表5-3。

表5-3 Wi-Fi的优点

优点	内容
较广的局域网覆盖范围	Wi-Fi的覆盖半径可达100m左右，相比于蓝牙技术覆盖范围广，可以覆盖整栋办公大楼
传输速度快	Wi-Fi技术传输速度非常快，可以达到11Mbit/s（802.11b）或者54Mbit/s（802.11a），适合高速数据传输的业务
无须布线	Wi-Fi最主要的优势在于不需要布线，可以不受布线条件的限制，因此非常适合移动办公用户的需要；在机场、车站、咖啡店、图书馆等人员较密集的地方设置"热点"，并通过高速线路将互联网接入上述场所，用户只要将支持WLAN的笔记本式计算机或平板电脑拿到该区域内，即可高速接入互联网
健康安全	IEEE 802.11规定的发射功率不可超过100mW，实际发射功率为60～70mW，而手机的发射功率在200mW至1W之间，手持式对讲机高达5W，与后者相比，Wi-Fi产品的辐射更小

最初的IEEE 802.11规范是在1997年提出的，称为IEEE 802.11b，主要目的是提供WLAN接入，也是目前WLAN的主要技术标准，它的工作频率是ISM 2.4GHz，与无绳电话、蓝牙等许多不需要频率使用许可证的无线设备共享同一频段。随着Wi-Fi协议新版本

如IEEE 802.11a和IEEE 802.11g的先后推出，Wi-Fi的应用将越来越广泛。速度更快的IEEE 802.11g使用与IEEE 802.11a相同的OFDM（正交频分多路复用）调制技术，同样工作在2.4GHz频段，速率可达54Mbit/s。根据国际消费电子产品的发展趋势判断，IEEE 802.11g将有可能被大多数无线网络产品制造商选择作为产品标准。当前在各地展开的"无线城市"的建设中，强调将Wi-Fi技术与3G、LTE（长期演进）等蜂窝通信技术融合互补，通过WLAN对于宏网络数据业务的有效补充，为电信运营商创造出一种新的盈利运营模式；同时，也为Wi-Fi技术带来新的巨大市场增长空间。

4. 超宽带

超宽带（Ultra Wide Band，UWB）是一种以极低功率在短距离内高速传输数据的无线技术。这种原来专属军方使用的技术随着2002年2月美国联邦通信委员会（FCC）正式批准民用而备受世人的关注。UWB具有一系列优良的技术特性，是一种极具竞争力的短距无线传输技术。

UWB是一种无线载波通信技术，即不采用正弦载波，而是利用纳秒级的非正弦波窄脉冲传输数据，因此其所占的频谱范围很宽。UWB是利用纳秒级窄脉冲发射无线信号的技术，适用于高速、近距离的无线个人通信。按照FCC的规定，从3.1GHz到10.6GHz之间的带宽频率为UWB所使用的频率范围。

从频域来看，超宽带有别于传统的窄带和宽带，它的频带更宽。窄带是指相对带宽（信号带宽与中心频率之比）小于1%，而相对带宽为1%～25%的被称为宽带，相对带宽大于25%且中心频率大于500MHz的被称为超宽带。

从时域上讲，超宽带系统有别于传统的通信系统。一般的通信系统是通过发送射频载波进行信号调制，而UWB是利用起点、落点的时域脉冲（几十纳秒）直接实现调制，超宽带的传输把调制信息过程放在一个非常宽的频带上进行，而且以这一过程中所持续的时间来决定带宽所占据的频率范围。UUB发射机和接收机系统如图5-19所示。

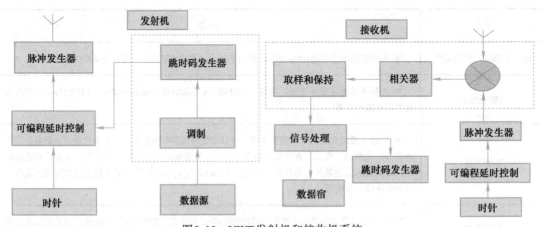

图5-19　UWB发射机和接收机系统

UWB是一种"特立独行"的无线通信技术，它将会为无线局域网（WLAN）和个人局域网（PAN）的接口卡和接入技术带来低功耗、高带宽及相对简单的无线通信技术。UWB解决了困扰传统无线技术多年的有关传播方面的重大难题，具有对信道衰落不敏感、发射信号功率谱密度低、被截获的可能性低、系统复杂度低、厘米级的定位精度等优点。

UWB具有以下特点：

（1）抗干扰性能强

UWB采用跳时扩频信号，系统具有较大的处理增益，在发射时将微弱的无线电脉冲信号分散在宽阔的频带中，输出功率甚至低于普通设备产生的噪声。接收时将信号能量还原出来，在解扩过程中产生扩频增益。因此，与IEEE 802.11a、IEEE 802.11b和蓝牙相比，在同等码速条件下，UWB具有更强的抗干扰性。

（2）传输速率高

UWB的数据速率可以达到几十兆bit/s到几百兆bit/s，有望高于蓝牙100倍，也可以高于IEEE 802.11a和IEEE 802.11b。

（3）带宽极宽

UWB使用的带宽在1GHz以上，高达几兆赫兹。超宽带系统容量大，并且可以和目前的窄带通信系统同时工作而互不干扰。这在频率资源日益紧张的今天，开辟了一种新的时域无线电资源。

（4）消耗电能小

通常情况下，无线通信系统在通信时需要连续发射载波，因此，要消耗一定电能。而UWB不使用载波，只是发出瞬间脉冲电波，也就是直接按0和1发送出去，并且在需要时才发送脉冲电波，所以，消耗电能小。

（5）保密性好

UWB保密性表现在两方面：一方面是采用跳时扩频，接收机只有已知发送端扩频码时才能解出发射数据；另一方面是系统的发射功率谱密度极低，用传统的接收机无法接收。

（6）发送功率非常小

UWB系统发射功率非常小，通信设备可以用小于1mW的发射功率就能实现通信。低发射功率大大延长系统电源的工作时间。况且，发射功率小，其电磁波辐射对人体的影响也会很小。这样，UWB的应用面就广。

5. NFC

近场通信（Near Field Communication，NFC）是由飞利浦、诺基亚和索尼公司主推的一种类似于RFID（非接触射频识别）的短距离无线通信技术标准。和RFID不同，NFC采用了双向的识别和连接。工作频率为13.56MHz，工作距离在20cm以内。

NFC最初仅仅是RFID和网络技术的合并，但现在已发展成无线连接技术。它能快速自动地建立无线网络，为蜂窝设备、蓝牙设备、Wi-Fi设备提供一个"虚拟连接"，使电子设备可以在短距离范围内进行通信。NFC的短距离交互大大简化了整个认证识别过程，使电子设备间互相访问更直接、更安全和更清楚，不用再听到各种电子杂音。

NFC通过在单一设备上组合所有的身份识别应用和服务，帮助解决记忆多个密码的麻烦，同时也保证了数据的安全保护。有了NFC，如数码相机、平板电脑、机顶盒、计算机、手机等多个设备之间的无线互连，彼此交换数据或服务都将有可能实现，如图5-20所示。

137

此外，NFC还可以将其他类型无线通信（如Wi-Fi和蓝牙）"加速"，实现更快和更远距离的数据传输。每个电子设备都有自己的专用应用菜单，而NFC可以创建快速安全的连接，而无须在众多接口的菜单中进行选择。与蓝牙等短距离无线通信标准不同的是，NFC的作用距离进一步缩短且不像蓝牙那样需要有相应的加密设备。

同样，构建Wi-Fi家族无线网络需要多台具有无线网卡的计算机、打印机和其他设备。除此之外，还得有一定技术的专业人员才能胜任这一工作。而NFC被置入接入点之后，只要将其中几个靠近就可以实现交流，比配置Wi-Fi连接容易得多。

图5-20 NFC技术

与其他短距离通信技术相比，NFC具有鲜明的特点，主要体现在以下几个方面：

1）距离短、能耗低。NFC是一种能够提供安全、快捷通信的无线连接技术，但由于NFC采用了独特的信号衰减技术，其他通信技术的传输范围可以达到几米甚至几百米，通信距离不超过20cm；由于其传输距离较短，能耗相对较低。

2）NFC更具安全性。NFC是一种短距离连接技术，提供各种设备间距离较短的通信。与其他连接方式相比，NFC是一种私密通信方式，加上其距离短、射频范围小的特点，其通信更加安全。

3）NFC与现有的非接触智能卡技术兼容。NFC标准目前已成为得到越来越多主要厂商支持的正式标准，很多非接触智能卡都能够与NFC技术相兼容。

4）传输速率较低。NFC标准规定了3种传输速率，最高仅为424kbit/s，传输速率相对较低，不适合诸如频音频/视频流等需要较高带宽的应用。

NFC有3种应用类型：

1）设备连接。除了无线局域网，NFC也可以简化蓝牙连接。例如，笔记本式计算机用户如果想在机场上网，他只需要走近一个Wi-Fi热点即可实现。

2）实时预定。例如，海报或展览信息背后特有特定芯片，利用含NFC协议的手机或平板电脑便能取得详细信息，或是立即联机使用信用卡进行票券购买。而且，这些芯片无须独立的能源。

3）移动商务。飞利浦的Mifare技术支持世界上几个大型交通系统及在银行业为客户提供VISA卡等各种服务。索尼的FeliCa非接触智能卡技术产品在中国香港及深圳、新加坡、日本的市场占有率非常高，主要应用在交通及金融机构。

总而言之，这项新技术正在改写无线网络连接的游戏规则，但NFC的目标并非完全取代蓝牙、Wi-Fi等其他无线技术，而是在不同的场合、不同的领域起到相互补充的作用。所以，目前后来居上的NFC发展态势相对迅速。图5-21展示了目前人们多彩的无线网络生活。

图5-21　多彩的无线网络生活

6. TinyOS操作系统（见图5-22）

项目4中介绍的无线传感器网络也属于短距离无线通信中的一种形式。

因为无线传感器网络结点的存储容量有限，同时还要满足其自身网络运行需要，为进一步提高效率，新的嵌入式系统和嵌入式软件的解决方案被提出。

现有的嵌入操作系统大多是实时操作系统，很少考虑能源供应，无线传感器的一个致命点就是能源供应无法解决；现有的嵌入操作系统大多所占用空间很大，无线传感器的另一个致命点就是存储容量有限。无线传感器结点有两个突出特点：一个是消息到达并发送十分密集，即存在多个需要同时执行的逻辑控制，需要操作系统在较短时间内满足这种发生频繁的操作；另一个是无线传感器结点模块化程序高，要求操作系统为应用程序对硬件控制提供方便操作。

TinyOS是UC Berkeley（加州大学伯克利分校）开发的开放源代码操作系统，专为嵌入式无线传感网络设计，操作系统基于构件（Component-Based）的架构使得快速的更新成为可能，而这又减小了受传感器网络存储器限制的代码长度。

图5-22　TinyOS图标

操作系统就是为用户提供一个良好的用户接口。基于以上分析，研发人员在无线传感器结点处理能力和存储能力有限的情况下设计一种新型的嵌入式系统TinyOS，其具有更强的网络处理和资源收集能力。

为了满足无线传感网络的要求，研究人员在TinyOS中引入4种技术：轻线程、主动消息、事件驱动和组件化编程。

轻线程主要针对结点并发操作可能比较频繁，并且比较短，传统的进程/线程调度无法满足的情况。

主动消息是并行计算机中的概念，在发送消息的同时传送处理这个消息相应的处理函数ID和处理数据，接收方得到消息后可立即进行处理，从而减少通信量。

整个系统的运行是因为事件驱动而运行的，没有事件发生时，微处理进入睡眠阶段，从而可以达到节能效果。

组件就是对软硬件进行功能抽象。整个系统是由组件构成的，通过组件提高软件重用度和兼容性，程序员只关心组件的功能而不必关心组件的具体实现，只关注自己业务逻辑，从而提高编程效率。TinyOS的通信组件结构如图5-23所示。

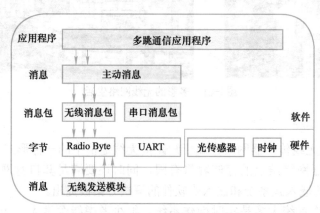

图5-23　TinyOS的通信组件结构

 知识拓展

TinyOS提供一系列关键服务，为实现编写传感器网络程序提供了方便。

1）OS核心服务：包括读取传感器、串口通信、读取程序闪存及外部存储器、基本的点对点传输服务等。

2）数据收集协议：如CTP。CTP继承了链路重传、链路估计等技术，可以将多个结点上的数据通过多跳路由树传到汇聚结点。

3）数据分发协议：如Drip、Dip。Drip、Dip可以通过汇聚结点分发多种系统参数，并在网络内维持一致性。

4）时间同步协议：如FTSP。FTSP通过在网络内交换同步信息达到全网同步。

5）网络重编程协议：如Deluge。Deluge协议可以通过汇聚结点分发程序代码，并通过结点自编程达到应用程序更新程序并编程的目的。

任务3 现场总线技术

◆ **任务描述**

凡事都有两面性，每种技术都有着自己的优点和缺点，以点概面是比较武断的。无线通信技术给人们带来了方便和快捷，但是物联网通信不只是无线通信，要针对不同的问题具体分析。例如，电力的传输已现在技术来说是无法通过无线技术来实现的。

王经理："一些使用情况较好的线路部分不必更换，而是在此基础上进行改造，也能够达到很好的效果。现场总线技术也称现场网络，是指以工厂内的测量和控制机器间的数字通信为主的网络。通过通信的数字化，使时间分割、多重化、多点化成为可能，从而实现高性能化、高可靠化、保养简便化、节省配线。"

◆ **任务呈现**

1. 现场总线的定义

现场总线是20世纪80年代中期在国际上发展起来的。随着微处理器与计算机功能的不断增强和价格的急剧降低，计算机与计算机网络系统得到迅速发展，而处于生产过程底层的测控自动化系统，采用一对一连线，用电压、电流的模拟信号进行测量控制，或者采用自封闭式的集散系统，难以实现设备之间及系统与外界之间的信息交换，使自动化系统成为"信息孤岛"。要实现整个企业的信息集成，要实施综合自动化，就必须设计出一种能在工业现场环境运行的、性能可靠、造价低廉的通信系统，形成工厂底层网络，完成现场自动化设备之间的多点数字通信，实现底层现场设备之间及生产现场与外界的信息交换。现场总线就是在这种实际需求的驱动下应运而生的。

它作为过程自动化、制造自动化、楼宇、交通等领域现场智能设备之间的互联通信网络，使生产过程现场控制设备之间及其与更高控制管理层网络之间产生了联系，为彻底打破自动化系统的信息孤岛创造了条件。现场总线技术实验室如图5-24所示。

图5-24 现场总线技术实验室

现场总线技术将专用微处理器植入传统的测量控制仪表，使它们各自都具有数字计算和数字通信能力，采用可进行简单连接的双绞线等作为总线，把多个测量控制仪表连接成网络系统，并按公开、规范的通信协议在位于现场的多个微机化测量控制设备之间及现场仪表与远程监控计算机之间实现数据传输与信息交换，形成各种适应实际需要的自动控制系统。它把单个分散的测量控制设备变成网络结点，以现场总线为纽带，把它们连接成可以相互沟通信息、共同完成自控任务的网络系统与控制系统。它给自动化领域带来的变化，正如众多分散的计算机被网络连接在一起，使计算机的功能、作用发生的变化。现场总线则使自控系统与设备具有了通信能力，把它们连接成网络系统，加入到信息网络的行列。

现场总线控制系统既是一个开放通信网络，又是一种全分布控制系统。它作为智能设备的联系纽带，把挂接在总线上的作为网络结点的智能设备连接为网络系统，并进一步构成自动化系统，具有基本控制、补偿计算、参数修改、报警、显示、监控、优化及控管一体化的综合自动化功能。这是一项以智能传感器、控制、计算机、数字通信、网络为主要内容的综合技术。由于现场总线适应了工业控制系统向分散化、网络化、智能化发展的方向，它一经产生便成为全球工业自动化技术的热点，受到全世界的普遍关注。

现场总线的出现导致目前生产的自动化仪表、集散控制系统（DCS）、可编程控制器（PLC）在产品的体系结构、功能结构方面的较大变革，自动化设备的制造厂家被迫面临产品更新换代的又一次挑战。传统的模拟仪表将逐步让位于智能化数字仪表，并具备数字通信功能，出现了一批集检测、运算、控制功能于一体的变送控制器；出现了可集检测温度、压力、流量于一身的多变量变送器；出现了带控制模块和具有故障信息的执行器，并由此大大改变了现有的设备维护管理方法。

从20世纪90年代以后，现场总线技术得到了迅猛发展，出现了群雄并起、百家争鸣的局面。目前已开发出40多种现场总线技术，如Interbus、Bitbus、DeviceNet、MODbus、Arcnet、P-Net、FIP、ISP等，其中最具有影响力的有FF、Lon Works、Profibus、CAN（见图5-25）等。

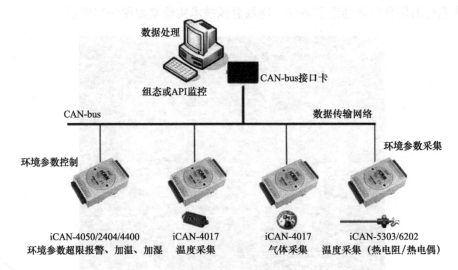

图5-25　CAN现场总线技术

（1）基金会现场总线

基金会现场总线（Foudation Fieldbus，FF），这是在过程自动化领域得到广泛支持和具有良好发展前景的技术。其前身是以美国Fisher-Rousemount公司为首，联合Foxboro、横河、ABB、Siemens（西门子）等80家公司制定的ISP协议和以Honeywell公司为首，联合欧洲等地的150家公司制定的WordFIP。届于用户的压力，这两大集团于1994年9月合并，成立了现场总线基金会，致力于开发出国际上统一的现场总线协议。它以ISO/OSI开放系统互连模型为基础，取其物理层、数据链路层、应用层为FF通信模型的相应层次，并在应用层上增加了用户层。

为满足用户需要，Honeywell、Ronan等公司已开发出可完成物理层和部分数据链路层协议的专用芯片，许多仪表公司已开发出符合FF协议的产品，总线已通过α测试和β测试，完成了由13个不同厂商提供设备而组成的FF现场总线工厂试验系统。总线标准也已经形成。现场总线应用于热电厂如图5-26所示。

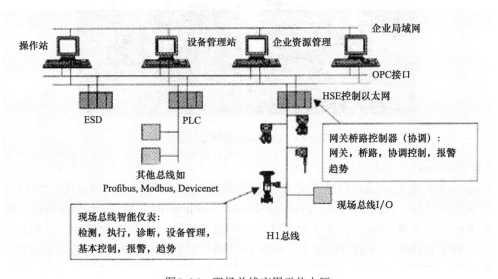

图5-26　现场总线应用于热电厂

（2）LonWorks

LonWorks是又一具有强劲实力的现场总线技术，它是由美国Echelon公司推出并由其与Motorola、东芝公司共同倡导，于1990年正式公布而形成的，如图5-27所示。它采用了ISO/OSI模型的全部七层通信协议，采用了面向对象的设计方法，通过网络变量把网络通信设计简化为参数设置，其通信速率从300bit/s至15Mbit/s不等，直接通信距离可达到2700m（78kbit/s，双绞线），支持双绞线、同轴电缆、光纤、射频、红外线、电源线等多种通信介质，并开发相应的本安防爆产品，被誉为通用控制网络。

LonWorks提供的不仅仅是一套高性能的神经元芯片，更重要的是，它提供了一套完整的开发平台。工业现场中的通信不仅要将数据实时发送、接收，更多的是数据的打包、拆包、流量处理、出错处理，这使控制工程师不得不在数据通信上投入大量精力。LonWorks在这方面提供了非常友好的服务，提供了一套完整的建网工具——LonBuild。

随着我国社会现代化建设进程的不断推进，我国在智能化领域的需求日益剧增。而国际上现有的其他类现场总线所存在的固有局限性，使得它们在应用时受到各种约束，LON

143

总线则综合了当今现场总线的多种功能，同时具备了局域网的一些特点，被广泛地应用于航空/航天，农业控制、计算机/外围设备、诊断/监控、电子测量设备、测试设备、医疗卫生、军事/防卫、办公室设备系统、机器人、安全警卫、保密、运动/游艺、电话通信、运输设备等领域。其通用性表明，它不是针对某一个特殊领域的总线，而是具有可将不同领域的控制系统综合成一个以LonWorks为基础的更复杂系统的网络技术。

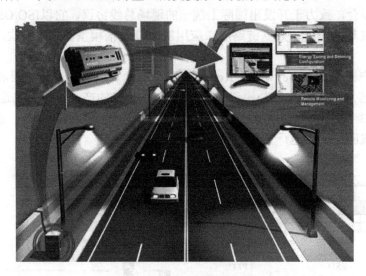

图5-27　LonWorks现场总线技术

（3）Profibus

Profibus是作为德国国家标准DIN19245和欧洲标准prEN50170的现场总线。ISO/OSI模型也是它的参考模型。Profibus-DP、Profibus-FMS、Profibus-PA组成了Profibus系列。DP型用于分散外设间的高速传输，适合于加工自动化领域的应用。FMS意为现场信息规范，适用于纺织、楼宇自动化、可编程控制器、低压开关等一般自动化。PA型则是用于过程自动化的总线类型，它遵从IEC1158-2标准。该项技术是由以Siemens公司为主的十几家德国公司、研究所共同推出的。它采用了OSI模型的物理层、数据链路层，由这两部分形成了其标准第一部分的子集，DP型隐去了3～7层，而增加了直接数据连接拟合作为用户接口；FMS型只隐去第3～6层，采用了应用层，作为标准的第二部分。PA型的标准目前还处于制定过程之中，其传输技术遵从IEC1158-2（1）标准，可实现总线供电与本质安全防爆。

Porfibus支持主从系统、纯主站系统、多主多从混合系统等几种传输方式。主站具有对总线的控制权，可主动发送信息。对多主站系统来说，主站之间采用令牌方式传递信息，得到令牌的站点可在一个事先规定的时间内拥有总线控制权，先规定好令牌在各主站中循环一周的最长时间。按Profibus的通信规范，令牌在主站之间按地址编号顺序，沿上行方向进行传递。主站在得到控制权时，可以按主—从方式向从站发送或索取信息，实现点对点通信。主站可对所有站点广播（不要求应答），或者有选择地向一组站点广播。

Profibus的传输速率为96～12Mbit/s，最大传输距离在12kbit/s时为1000m，500kbit/s时为400m，可用中继器延长至10km。其传输介质可以是双绞线，也可以是光缆，最多可挂接127个站点。Profibus的应用如图5-28所示。

图5-28　Profibus在地铁中的应用

（4）CAN

CAN是控制网络Control Area Network的简称，最早由德国BOSCH公司推出，用于汽车内部测量与执行部件之间的数据通信。其总线规范现已被ISO制定为国际标准，得到了Motorola、英特尔、Philips、Siemens、NEC等公司的支持，已广泛应用在离散控制领域。

CAN协议也是建立在ISO的开放系统互连模型基础上的，不过，其模型结构只有3层，只取OSI底层的物理层、数据链路层和顶上层的应用层。其信号传输介质为双绞线，通信速率最高可达1Mbit/s，直接传输距离最远可达10km，可挂接设备最多可达110个。

CAN的信号传输采用短帧结构，每一帧的有效字节数为8个，因而传输时间短，受干扰的概率低。当结点严重错误时，其具有自动关闭的功能以切断该结点与总线的联系，使总线上的其他结点及其通信不受影响，具有较强的抗干扰能力。CAN支持多主方式工作，网络上任何结点均在任意时刻主动向其他结点发送信息，支持点对点、一点对多点和全局广播方式接收/发送数据。它采用总线仲裁技术，当出现几个结点同时在网络上传输信息时，优先级高的结点可继续传输数据，而优先级低的结点则主动停止发送，从而避免了总线冲突。已有多家公司开发生产了符合CAN协议的通信芯片，如英特尔公司的82527、Motorola公司的MC68HC05X4、Philips公司的82C250等。目前还有插在PC机上的CAN总线接口卡，具有接口简单、编程方便、开发系统价格便宜等优点。CAN现场总线的应用如图5-29所示。

图5-29　CAN现场总线在生产自动化车间中的应用

每种总线大都有其应用的领域，如FF、Profibus-PA适用于石油、化工、医药、冶金等行业的过程控制领域；LonWorks、Profibus-FMS适用于楼宇、交通运输、农业等领域。而这些划分也不是绝对的，每种现场总线都力图将其应用领域扩大，彼此渗透。

2. 现场总线的技术特点和体系结构特点

简单地概括，现场总线技术的特点就是信号传输全数字、控制功能全分散、标准统一全开放、互操作性强、费用低等。具体概述为：

1）数字化的信号传输。现场总线使用数字化通信完成对现场设备的联络和控制，在网络通信中采用信息防撞与纠错技术，实现了高速及双向多点之间的可靠通信。

2）功能转移。廉价的智能化现场设备的普及与基于现场的微处理器及标准数字通信链路的发展相互促进，促使简单的控制任务迁移到控制现场，能够处理PID算法和控制逻辑的现场微处理器接管了大部分简单的控制任务。

3）方便的互操作性。现场总线技术强调"互联"和"互操作性"，实现真正的"即接即用"，即所谓的互操作性。这样，用户也能自由地集成现场总线控制系统，从而极大地方便了用户。

4）开放的互联网络。现场总线为开放式互联网络，既可与同层网络互连，也可与不同层网络互连，不同制造商的网络互连十分简便，用户不必在硬件或软件上花多大力气。

5）多种传输媒介和拓扑结构。现场总线技术由于采用数字通信方式，因此可采用多种传输介质进行通信。根据控制系统中结点的空间分布情况，可采用多种网络拓扑结构。这种多样性给自动化系统的施工带来了极大的方便。

6）简化结构降低费用。现场总线技术由于采用智能仪表和总线传输方式，可以减少大量的隔离器、端子框及电缆等，从而降低系统的复杂程度，节省施工费用。

由于现场总线的以上特点，特别是现场总线系统结构的简化，使控制系统的设计、安装、投运到正常生产运行及其检修维护，都体现出优越性。

1）节省硬件数量与投资。由于现场总线系统中分散在设备前端的智能设备能直接执行多种传感、控制、报警和计算功能，因而可减少变送器的数量，不再需要单独的控制器、计算单元等，也不再需要DCS系统的信号调理、转换、隔离技术等功能单元及其复杂接线，还可以用工控PC机作为操作站，从而节省了一大笔硬件投资；由于控制设备的减少，还可减少控制室的占地面积。

2）节省安装费用。现场总线系统的接线十分简单，由于一对双绞线或一条电缆上通常可挂接多个设备，因而电缆、端子、槽盒、桥架的用量大大减少，连线设计与接头校对的工作量也大大减少。当需要增加现场控制设备时，无须增设新的电缆，可就近连接在原有的电缆上，既节省了投资，又减少了设计、安装的工作量。据有关典型试验工程的测算资料，可节约安装费用60%以上。

3）节省维护开销。由于现场控制设备具有自诊断与简单故障处理的能力，并通过数字通信将相关的诊断维护信息送往控制室，用户可以查询所有设备的运行情况和诊断维护信息，以便早期分析故障原因并快速排除，缩短了维护停工的时间。同时，由于系统结构简化，连线简单而减少了维护工作量。

4）用户具有高度的系统集成主动权。用户可以自由选择不同厂商所提供的设备来集成系统，避免因选择了某一品牌的产品而缩小了设备的选择范围，不会为系统集成中不兼容的协议、接口而一筹莫展，使系统集成过程中的主动权完全掌握在用户手中。

5）提高了系统的准确性与可靠性。由于现场总线设备的智能化、数字化，与模拟信号相比，它从根本上提高了测量与控制的准确度，减少了传送误差。同时，由于系统的结构简化，设备与连线减少，现场仪表内部功能加强，减少了信号的往返传输，提高了系统的工作可靠性。此外，由于它的设备标准化和功能模块化，因而还具有设计简单、易于重构等优点。

任务4 泛在网络

◆ **任务描述**

李经理："物联网的通信技术还真是不少，但是为什么会有这么多的种类呢？都使用最好的不就得了？"

王经理："因为各大厂商都在推行自己的标准，造成了一定的混乱，让很多设备不能相互兼容，但乱也有乱的好处，每一种技术都有它的特点，有的速率高、距离远，也有的距离短、能耗低。针对不同的问题，可以进行合理应用。"

李经理："哦，那这些种传输技术我该怎么样去称呼它呢？"

王经理："那您就称呼它为泛在网络吧。"

◆ **任务呈现**

从字面上看，泛在网络就是广泛存在的无所不在的网络，也就是人置身于无所不在的网络之中，实现人在任何时间、地点，使用任何网络与任何人与物的信息交换，基于个人和社会的需求，利用现有网络技术和新的网络技术，为个人和社会提供泛在的、无所不含的信息服务和应用。

1. 泛在网络的定义

"物联网+互联特网"几乎就等于"泛在网"。泛在网络是指基于个人和社会的需求，实现人与人、人与物、物与物之间按需进行的信息获取、传递、存储、认知、决策、使用等服务，网络具有超强的环境感知、内容感知及智能性，为个人和社会提供泛在的、无所不含的信息服务和应用。泛在网络的范围如图5-30所示。

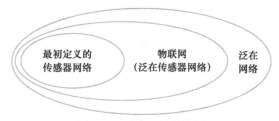

图5-30 泛在网络的范围

泛在网络的概念最早见于施乐公司首席科学家马克·维瑟（Mark Weiser）在1991年《21世纪的计算》一文中提出的泛在计算。从泛在的内涵来看，首先关注的是人与周边的和谐交互，各种感知设备与无线网络不过是手段。但最终落在泛在网络的形态上，其既有互联网的部分，也有物联网的部分，同时还有一部分属于智能系统范畴。由于覆盖了物与人的关系，因此，泛在网络似乎更大一些。人与物、物与物之间的通信被认为是泛在网络的突出特点，无线、宽带、互联网技术的迅猛发展使得泛在网络应用不断深化。多种网络、接入技术、应用技术的集成，将实现商品生产、传送、交换、消费过程的信息无缝链接。泛在计算系统是一个全功能的数字化、网络化、智能化的自动化系统，系统的设备与设备之间实现全自动的数据、信息处理，全自动的信息交换；人与物的联网、人与人的联网、物与物的联网可以实现关于人与物的完全的、系统化的、智能化的整合，应用范围十分广泛。泛在网络将以"无所不在""无所不能"为基本特征，帮助人类实现"4A"化通信。"泛在网"包含了物联网、传感网、互联网的所有属性，而物联网则是"泛在网"的实现目标之一，是"泛在网"发展过程中的先行者和制高点。

物联网、传感器网络、泛在网络的关系：泛在网络是ICT（信息通信技术）社会发展的最高目标，物联网是泛在网络的初级和必然发展阶段，传感器网络是物联网的延伸和应用的基础。

2. 泛在网络的关键技术

未来的泛在网络是硬件、软件、系统、终端和应用的融合，所涉及的技术支撑包括RFID、无线传感器网络技术、中间件技术、云计算技术、信息安全技术、异构网络与通信技术等。

（1）RFID

射频识别技术（Radio Frequency Identification，RFID）的每个产品或事物出现在这个世界就得获得一个唯一的编码来证明它的唯一性，而且单个物品可以拥有多个标识号，复合物体的每个组件可以都有标识号；属于一类的物品要有证明类属的特殊标识号，而单个物品同时要有区别于同类其他物品的标识号。

另外，对于一些特殊物品要考虑其安全隐私的要求。RFID系统一般由电子标签、读写器（见图5-31）、应用接口等硬件设备与中间件软件、传输网络、业务应用、管理系统等构成。软件包括RFID系统软件、RFID中间件、后台应用程序。RFID系统软件是在标签和读写器之间进行通信所必需的功能集合。RFID中间件是在读写器和后台处理系统之间运行的一组软件，它将标签和读写器上运行的RFID系统软件和在后台处理系统上运行的应用软件联系起来。

图5-31　手持RFID读写设备

后台应用程序接收由标签发出，经过读写器和RFID中间件处理过滤后的标准化的数据。这样的RFID系统可以实时自动地对物体进行识别、定位、监控、追踪。其中，标识结构设计、标识映射机制、匿名标识技术将是当前RFID技术领域的热点研究课题。

（2）无线传感器网络技术

无线传感器网络是由大量部署在监测区域内的传感器结点构成的多个、自组织的无线网络系统。无线传感器网络具有无须固定设备支撑的特点，可以快速部署，同时具有易组网，不受有线网络的约束。在无线传感器系统中，单个结点能够感应其环境，然后在本地处理信息或通过无线链路将信息发送到一个或多个集结点。由于RF发射功率低，所以，每个结点的传输距离比较近。短距离传输使传输信号被窃听的可能性降到最低，同时还延长了电池的寿命，适用于物于物之间的联系。

无线传感器网络通常被用来监测不同地点的物理或环境参量，如光、温度、湿度、声音、振动、压力、运动或污染等。它主要是通过各结点相互协作来感知、采集和处理网络覆盖区域内的监测信息，并发布给观察者。物联网的快速发展依赖于终端的大规模、大范围的部署，而物联网终端的多形态和泛在化既是物联网业务发展的特点，也是其面临的重点和难点；具体研究对象为传感器、传感器适配器、传感器网络网关等。而在未来，无线传感网络技术的拓扑控制、定位技术、时间同步、数据融合处理技术及终端设备的能量获取和存储技术，以及设备小型化、低成本、低功耗等问题将引领无线传感器网络的热点研究。

（3）中间件技术

物联网的目标是要实现任何时间、任何地点及任何物体的连接，这个特点就决定了屏蔽底层硬件的多样性和复杂性，以及与上层信息交换的复杂应用性。中间件为底层与上层之间的数据传递提供了很好的交互平台，实现各类信息资源之间的关联、整合、协同、互动和按需服务等，所以现在中间件的研究热点集中在基于远程控制的应用管理方式；支持多种传感设备的管理、数据采集和处理功能，从而降低应用与硬件的耦合性；具备符合多种应用通用需求的API集合；具有跨平台的灵活性移植。

（4）云计算技术

物联网要求每个物体都与它唯一的标识符相关联，这样就可以在数据库中检索信息，因此需要一个海量的数据库和数据平台把数据信息转换成实际决策和行动。若所有的数据中心都各自为阵，数据中心的大量有价值的信息就会形成信息孤岛，无法被有需求的用户有效使用。云计算试图在这些孤立的信息孤岛之间通过提供灵活、安全、协同的资源共享来构造一个大规模的、地理上分布的、异构的资源池，包括信息资源和硬件资源，再结合有效的信息生命周期管理技术和节能技术。

云计算是由软件、硬件、处理器加存储器构成的复杂系统，它作为一种虚拟化、硬件/软件运营化的解决方案，可以为物联网提供高效的计算、存储能力，为泛在链接的物联网提供网络引擎。采用云计算技术实现信息存储资源和计算能力的分布式共享，为海量信息的高效利用提供支撑。它按需进行动态部署、配置、重配置及取消服务。在云计算平台中的服务器可以是物理的服务器或虚拟的服务器，其本质是由远程运行的应用程序驻留在个人计算机和局部服务器。

（5）信息安全技术

物联网的绝大多数应用都涉及个人隐私或机构内部秘密，物联网必须提供严密的安全性和可控性。由于任意一个标签的标识或识别码都能在远程被任意扫描，并且标签自动地、不加区别地回应阅读器的指令并将其所存储的信息传输给阅读器，这就需要保证国家及企业的机密不被泄露，还要确保标签物的拥有者的个人隐私不受侵犯，这些也就导致安全和隐私技术成为物联网识别技术的关键问题之一。

物联网网络层的信息安全主要有两类：一是来自于物联网本身（主要包括网络的开

放性架构、系统的接入和互联方式，以及各类功能繁多的网络设备和终端设备的能力等）的安全隐患；二是源于构建和实现物联网网络层功能的相关技术（如云计算、网络存储、异构网络技术等）的安全弱点和协议缺陷。网络层存在的问题是业务流量模型、空中接口和网络架构安全问题。地址空间短缺的解决方法是采用IPv6技术，用128位的地址长度并采纳IPSec协议，在IP层上对数据包进行高强度的安全处理，提供数据源地址验证、无连接数据完整性、数据机密性、抗重播和有限业务流加密等安全服务，增强网络的安全性。

（6）异构网络与通信技术

异构网络是物联网信息传递和服务支撑的基础设施，通过泛在的互联功能，实现感知信息高可靠性、高安全性传输。物联网的网络技术涵盖泛在接入和骨干网传输等多个层面。以IPv6为核心的下一代互联网为物联网的发展创造了良好的基础条件。以传感器网络为代表的末梢网络在规模化应用后，面临与骨干网络的接入和协同问题，需要研究固定、无线网、移动网及Ad-hoc网技术等。物联网综合了各种有线及无线通信技术，其中近距离无线通信技术将是物联网的研究重点。由于物联网终端一般使用工业科学医疗（ISM）频段进行通信，频段内包括大量的物联网设备及现有的Wi-Fi、超宽带（UWB）、ZigBee、蓝牙等设备，频谱空间将极其拥挤，制约了物联网的大规模应用。需要提升频谱资源的利用率，让更多物联网业务能实现空间并存，切实提高物联网规模化应用的频谱保障能力，保证异种物联网的共存，并实现其互联互通互操作。异构网络架构如图5-33所示。

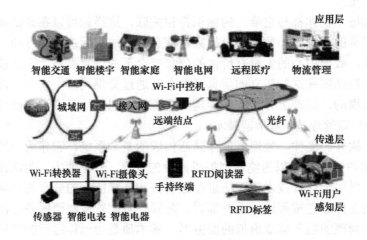

图5-33　异构网络架构

任务5　泛在网络架构

泛在网络不是一个新的网络，是在原有网络上叠加了一些新的网络能力，从而提供一些新的服务。目前，业界对泛在网络的架构还没有一个比较认可的说法。泛在网络的基本组成如图5-34所示。

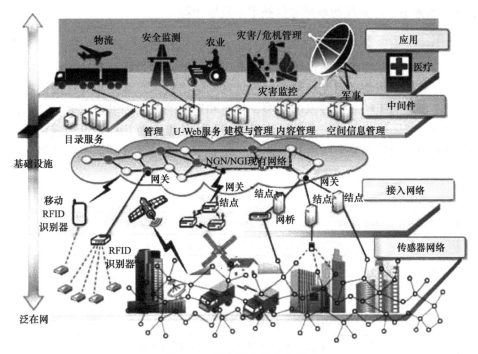

图5-34 泛在网络的基本组成

与传统电信网络架构相比，泛在网中出现了感知延伸层。如前所述，由于要实现物与物的通信，感知延伸层是非常重要的。感知延伸层主要实现信息采集、捕获、物体识别。感知延伸层的关键技术包括传感器、RFID、自组织网络、短距离无线通信、低功耗路由等，感知延伸层必须解决低功耗、低成本和小型化的问题，并且向更敏感、更全面的感知能力方向发展。

网络层包括接入网、核心网。接入网涉及各种有线接入、无线接入、卫星等技术，核心网与已有电信网络和互联网络的基础设施在很大限度上重合。网络层要根据感知延伸层的业务特征，优化网络特性，更好地支持物与物及物与人的通信。

业务和应用层最终面向各类应用，实现信息的处理、协同、共享、决策。从服务主体出发，泛在网络应用分为行业专用服务、行业公众服务、公众服务；从应用场景看，泛在网络包含工业、农业、电力、医疗、家居、个人服务等人们可以预见的各种场景。业务和应用层涉及海量信息的智能处理、分布式计算、中间件、信息发现等多种技术。

◆ 项目能力巩固

1．移动通信有哪些特点？
2．各代通信技术都有哪些明显的变化？各自最重要的技术是什么？
3．短距离无线通信技术有哪些？其各自的特点有什么？
4．如何看到各种短距离无线通信技术之间的关系？
5．现场总线技术的特点和优势有哪些？
6．请用通俗的语言介绍泛在网络，并简单说明泛在网络的关键技术。

7. 通过搜索引擎，查找物联网通信技术的发展历程。

◆ 单元知识总结与提炼

本项目首先介绍了物联网通信技术的概念，并简单描述了物联网通信技术的关键技术和应用范围。然后介绍物联网无线通信，包括移动通信技术，并介绍各代通信技术的核心技术和特点；短距离无线通信技术的种类、特点和适用的范围，以及这多种技术同时存在的原因和它们相互之间的关系。介绍了现场总线技术的概念及几种常见的现场总线技术的特点和应用范围。最后对整个网络的统称——泛在网络进行了介绍，包括其概念、核心技术和网络架构等。

项目学习自我评价表

能力	学习目标	核心能力点	自我评价
职业岗位能力	移动通信技术	了解移动通信网络在国内外的发展情况	
		了解每一代移动通信网络的基本原理	
		掌握各代移动通信技术的核心技术、现状及未来移动通信技术的发展方向	
	短距离无线通信技术	掌握短距离无线通信技术的界定标准	
		了解ZigBee网络的技术特点、应用范围和发展前景	
		了解蓝牙技术的原理、应用范围及其和其他短距离无线通信技术的关系	
		了解Wi-Fi的原理、发展、应用范围及技术特点	
		了解UWB的技术原理、特点、适用范围和它的发展趋势	
		了解NFC技术存在的意义、与各种技术之间相辅相成的关系	
		了解TinyOS产生的原因、发展的方向和技术特点	
	各种短距离无线通信技术的特点和关系	掌握在整个短距离无线通信范畴中每种技术所处的位置	
		了解几种短距离无线通信技术之间的关系	
		了解各种短距离无线通信技术的应用领域，特别是在很多种情况下会出现两种以上技术同时使用的情况	
	现场总线	掌握现场总线的概念和技术特点	
		了解几种常见的现场总线技术	
		知道各种现场总线技术的应用领域	
	泛在网络	掌握泛在网络的定义	
		了解泛在网络的架设所需要的核心技术	
		了解泛在网络的网络架构都包含哪些	
通用能力	沟通表达能力		
	解决问题能力		
	综合协调能力		

项目6 向客户推介物联网业务与应用支撑技术

项目背景及学习目标

自从迈联公司的王经理参加的《走进智慧城市》的电视节目播出之后，很多用户都纷纷前来咨询，想进一步了解物联网业务的相关技术与应用领域，王经理针对用户提出的疑问开了一次交流会，向用户进一步介绍物联网业务与应用支撑相关技术。

对于物联网业务支撑技术，需要行业终端，提供终端和业务通信的通道；M2M终端，提供机器与机器之间的联运控制的逻辑；无线传输网络，实现不同业务和不同终端设备的整合；M2M后台服务器，实现不同终端和业务的统一管理；应用模块，针对客户，提供用户自定义业务环境。云计算机是物联网业务支撑系统的发展趋势，适应业务量的弹性增长，充分利用运营商大量闲置的计算和存储能力，降低应用部署成本。中间件技术是位于平台（硬件和操作系统）和应用之间的通用服务，针对不同的操作系统和硬件平台，它们可以有符合接口和协议规范的多种实现的方式。物联网中间件技术是物联网产业链的重要环节。

在本项目的学习中，将主要介绍M2M的定义、M2M系统架构与支撑技术、业务应用与发展现状，以及中间件、云计算的应用实例。

学习目标与重点

- 了解M2M业务。
- 掌握M2M系统架构与支撑技术。
- 了解M2M的应用领域。
- 了解云计算的概念。
- 掌握云计算的应用。
- 了解云计算与物联网的关系。
- 了解物联网中间件的概念。
- 掌握物联网中间件的应用。
- 掌握RFID中间件的概念及应用。

任务1　M2M业务

◆ 任务描述

用户向王经理提出疑问，前面王经理讲到了物联网的知识与应用方面，王经理所说的

M2M是什么意思呢？它和物联网又有什么关系呢？

◆ **任务呈现**

1. M2M概述

M2M是Machine to Machine或Machine to Man的简称，是一种以机器终端智能交互为核心的、网络化的应用与服务。它通过在机器内部嵌入无线通信模块，以无线通信等为接入手段，为客户提供综合的信息化解决方案，以满足客户对监控、指挥调度、数据采集和测量等方面的信息化需求。M2M根据其应用服务对象可以分为个人、家庭、行业3大类。

通信网络技术的出现和发展给社会生活带来了极大的变化。人与人之间可以更加快捷地沟通，信息的交流更顺畅。但是，目前仅仅是计算机和其他一些IT类设备具备这种通信和网络能力。众多的普通机器设备几乎不具备联网和通信能力，如家电、车辆、自动售货机、工厂设备等。M2M技术的目标就是使所有机器设备都具备联网和通信能力，如图6-1所示。其核心理念就是网络一切（Network Everything）。M2M技术具有非常重要的意义，有着广阔的市场和应用，推动着社会生产和生活方式新一轮的变革。

移动电话　　计算机　　智能电视　　汽车　　其他

图6-1　M2M技术的服务生活

M2M是一种理念，也是所有增强机器设备通信和网络能力的技术的总称。人与人之间的沟通很多也是通过机器实现的，如通过手机、电话、计算机、传真机等机器设备之间的通信来实现人与人之间的沟通。另外一类技术是专为机器和机器建立通信而设计的。例如，许多智能化仪器仪表都带有RS-232接口和GPIB通信接口，增强了仪器与仪器之间，以及仪器与计算机之间的通信能力。

2. M2M系统架构

M2M系统分为三层，分别为应用层、网络传输层和设备终端层。如图6-2所示，应用层提供各种应用平台和用户界面，以及数据的存储功能，应用层通过中间件与网络传输层相连，通过无线网络传输数据到设备终端。当机器设备有通信需求时，会通过通信模块和外部硬件发送数据信号，通过通信网络传输到相应的M2M网关，然后进行业务分析和处理，最终达到用户界面，人们可以对数据进行读取，也可以远程操控机器设备。应用层的业务服务器也可以实现机器之间的互相通信，来完成总体的任务。

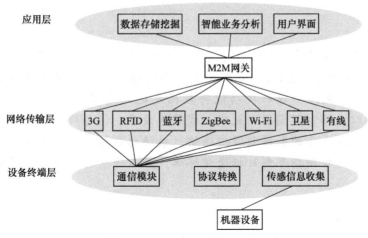

图6-2　M2M系统架构

M2M应用的行业非常广泛，每个行业的应用都有各自的特点，其需求也是非常个性化的。目前，电信运营商、系统集成商和各个标准化组织都在进行M2M的标准化工作。目前所有的M2M架构组成都基本具有五要素：行业终端、M2M终端、无线传输网络、M2M后台服务器及应用模块，如图6-3所示。

（1）行业终端

行业终端主要包括各种传感器、视频监控探头、扫描仪等。它的主要作用是完成行业应用所需要的数据的采集并通过接口传递给M2M终端。例如，温度传感器采集温度数据，然后通过该设备接口传递给M2M终端设备。行业终端可能会有多种接口，如RS-232、RS-485、USB、RJ-45及其他的I/O接口，这也是M2M标准化的难点之一。

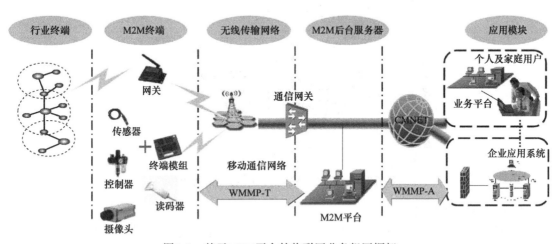

图6-3　基于M2M平台的物联网业务组网框架

（2）M2M终端

M2M终端是整个系统中关键的部分之一。它的功能是把数据传输给无线网络（或者同时从无线网络得到遥控数据）。由于M2M终端传输的不是语音，而是数据，因此M2M终端操作系统、数据压缩使用的标准都是不同于普通手机的操作系统和数据压缩的标准，需要单独进行开发设计。

 知识拓展

通信模块产品按照通信标准可分为移动通信模块、ZigBee模块、WLAN模块、RFID模块、蓝牙模块、GPS模块及有线网络模块等，外部硬件包括从传感器收集数据的I/O设备、完成协议转换功能将数据发送到通信网络的连接终端、控制系统、传感器，以及调制解调器、天线、线缆等设备。设备终端层的作用是通过无线通信技术发送机器设备的数据到通信网络，最终传送给服务器和用户。而用户可以通过通信网络传送控制指令到目标通信终端，然后通过控制系统对设备进行远程控制和操作。

（3）无线传输网络

无线传输网络在整个M2M网络中起到了承上启下的作用，只有高效且有保障的传输网络才能确保系统的正常运行。无线传输网络并不局限于某种特定网络，它可以包括GSM、CDMA、TD-SCDMA、W-CDMA、WI-FI、ZiggBee甚至LTE网络。而在传输中需要一定的加密措施，以提高整个系统的安全性。

目前的各类移动通信技术及短距离通信技术基本都可以作为M2M的通信技术，不同的技术面向的应用会有所不同。如图6-4所示，根据通信距离及通信速率的不同，除移动通信技术以外，其他技术如ZigBee、GPS、RFID、蓝牙及有线网络等仍然在各自的领域发挥着作用，并且具有移动通信技术所不具有的优势，在短期内不可替代。

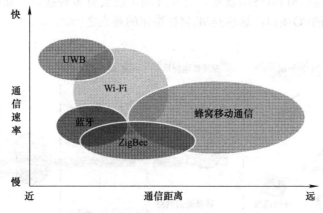

图6-4 多种无线M2M通信技术的比较

（4）M2M后台服务器

M2M后台服务器主要完成两部分工作：一是完成数据的接收和转发，通过解码无线网络传输的数据，M2M后台服务器可以进行存储和转发，这些数据可供应用模块进行使用和分析；二是对M2M终端的管理，通过无线网络，M2M后台服务器可以完成M2M终端的实时的、批量的配置，如通过后台服务器对视频探头进行方向调整、对前端进行软件升级等。

（5）应用模块

应用模块是整个系统的末端，包括中间件、业务分析、数据存储、用户界面等部分。其中，数据存储用来临时或永久存储应用系统内部的数据，业务分析面向数据和应用，提

供信息的处理和决策，用户界面提供用户远程监测和管理的界面。应用模块的作用是负责对后台服务器的数据进行处理、分析及人性化界面的展示等。它的应用通常伴随着原有应用软件的升级或应用软件的开发。

3. M2M支撑技术

M2M涉及五个重要的技术部分：智能化机器、M2M硬件、通信网络、中间件、应用。

（1）智能化机器

"人、机器、系统的联合体"是M2M的有机结合体。可以说，机器是为人服务的，而系统则都是为了机器更好地服务于人而存在的。

（2）M2M硬件

实现M2M的第一步就是从机器/设备中获得数据，然后把它们通过网络发送出去。使机器具备"说话"能力的基本方法有两种：生产设备的时候嵌入M2M硬件；对已有机器进行改装，使其具备通信/联网能力。

M2M硬件是使机器获得远程通信和联网能力的部件。现在的M2M硬件产品可分为五种：

1）嵌入式硬件。嵌入式硬件嵌入到机器里面，使其具备网络通信能力。常见的产品是支持GSM/GPRS或CDMA无线移动通信网络的无线嵌入数据模块。典型的产品有：Nokia12 GSM嵌入式无线数据模块；Sony Ericsson的GR48和GT48；Motorola的G18/G20 for GSM，C18 for CDMA；Siemens的用于GSM网络的TC45、TC35i、MC35i嵌入模块。

2）可组装硬件。在M2M的工业应用中，厂商拥有大量不具备M2M通信和联网能力的设备仪器，可改装硬件就是为满足这些机器的网络通信能力而设计的。实现形式也各不相同，包括从传感器收集数据的I/O设备（I/O Devices）；完成协议转换功能，将数据发送到通信网络的连接终端（Connectivity Terminals）；有些M2M硬件还具备回控功能。典型产品有Nokia 30/31 for GSM连接终端。

3）调制解调器（Modem）。上面提到嵌入式模块将数据传送到移动通信网络上时，起的就是调制解调器的作用。如果要将数据通过公用电话网络或以太网送出，分别需要相应的调制解调器。典型产品有：BT-Series CDMA、GSM无线数据调制解调器等。

4）传感器。传感器可分成普通传感器和智能传感器两种。智能传感器（Smart Sensor）是指具有感知能力、计算能力和通信能力的微型传感器。由智能传感器组成的传感器网络（Sensor Network）是M2M技术的重要组成部分。一组具备通信能力的智能传感器以Ad Hoc方式构成无线网络，协作感知、采集和处理网络覆盖的地理区域中感知对象的信息，并发布给观察者，也可以通过GSM网络或卫星通信网络将信息传给远方的IT系统。典型产品如英特尔的基于微型传感器网络的新型计算的发展规划——智能微尘（Smart Dust）等。

5）识别标识（Location Tags）。识别标识如同每台机器、每个商品的"身份证"，使机器之间可以相互识别和区分。常用的技术如条形码技术、射频识别卡RFID

技术（Radio-Frequency Identification）等。标识技术已经被广泛用于商业库存和供应链管理。

（3）通信网络

网络技术彻底改变了我们的生活方式和生存环境，我们生活在一个网络社会。如今，M2M技术的出现使得网络社会的内涵有了新的内容。网络社会的成员除了原有人、计算机、IT设备之外，数以亿计的非IT机器/设备正要加入进来。随着M2M技术的发展，这些新成员的数量和其数据交换的网络流量将会迅速增加。

通信网络在整个M2M技术框架中处于核心地位，包括广域网（无线移动通信网络、卫星通信网络、互联网、公众电话网）、局域网（以太网、无线局域网、蓝牙）、个域网（ZigBee、传感器网络）。

在M2M技术框架中的通信网络中，有两个主要参与者，他们是网络运营商和网络集成商。尤其是移动通信网络运营商，在推动M2M技术应用方面起着至关重要的作用。他们是M2M技术应用的主要推动者。第三代移动通信技术除了提供语音服务之外，数据服务业务的开拓是其发展的重点。随着移动通信技术向3G的演进，必定将M2M应用带到一个新的境界。国外提供M2M服务的网络有AT&T Wireless的M2M数据网络计划，Aeris的MicroBurst无线数据网络等。

（4）中间件（Middleware）

中间件包括两部分：M2M网关、数据收集/集成部件。网关是M2M系统中的"翻译员"，它获取来自通信网络的数据，将数据传送给信息处理系统。中间件的主要功能是完成不同通信协议之间的转换。典型产品如Nokia的M2M网关。

数据收集/集成部件是为了将数据变成有价值的信息。其对原始数据进行不同加工和处理，并将结果呈现给需要这些信息的观察者和决策者。这些中间件包括数据分析和商业智能部件、异常情况报告和工作流程部件及数据仓库和存储部件等。

（5）M2M应用

M2M领域的专家们将M2M称为物联网（Internet of Things）。如果在这一过程中引入无线连接，人们对物联网的应用就会得到无穷无尽的可能性。试想有一个"智能电网"能够使大量设备，如仪表、家电、汽车、照明设备、医疗监视器、零售库存等实现连接和通信，它所带来的好处会非常多，如提高生产力、节约能源、远程访问、降低成本、改善医疗等。

4．M2M业务应用

物联网是"M2M"应用的归纳化表述，应用也涉及日常生活和工业生产的各个领域，具有很好的经济效益和社会效益，包括自动抄表、标志和照明管理、设备监测、环境监测、智能家居、安全防护、智能建筑、移动POS机、移动售货机、车队管理、车辆信息通信、货物管理等，而且一个应用又可以拓展为几个子应用，如环境监测又可以分为水质监测、温度监测等。这些应用适用于能源、政府、医疗、工业、零售、服务、交通运输等行业。虽然业务很多，但目前以面向政府和企业为主，面向大众的很少，如图6-5所示。

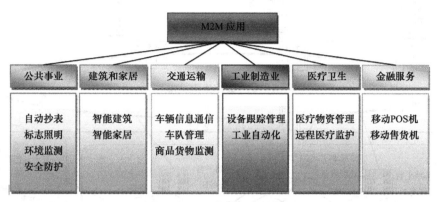

图6-5　M2M在各行业的应用

答疑解惑

M2M业务为什么有这么大的市场呢

　　M2M备受运营商青睐，语音服务市场的激烈竞争导致了服务同质化，并降低了ARPU值。M2M通过使机器使用运营商网络，为运营商带来了额外的收入，并最终提高他们的盈利能力。试想一下，假使全国的运输卡车车队都配备了无线传感器，而数以万计的家庭也用上了无线电表，其无线数据的使用量将会非常庞大。许多有远见的CDMA2000运营商已经瞄准了这一机会，并正积极发掘M2M所蕴含的无限商机。凭借合理的定价方案和规模经济效益，无论是运营商还是其客户都能从M2M中获得巨大收益。

　　M2M相关的服务还有另一项核心优势，那就是低用户流失率。长期关注日益增长的M2M市场的分析师们指出，该领域的用户流失周期一般在7年左右。分析师们认为，针对蜂窝M2M应用，汽车运输和车队物流、公共设施智能计量、零售网点、用于物业管理和医疗保健的安全报警等领域将在中短期内带来最佳的投资回报。对于运营商而言，要在这一前景光明的领域寻求新的商机，其关键是对有望在最短时间内吸引最多用户的市场予以优先考虑。

　　运输市场是最先将M2M付诸商用的领域之一。在过去20多年里，基于卫星的移动通信系统一直凭借其位置追踪和对移动资产状态（出租车、拖车和集装箱等）的监控能力，为长途运输和物流行业提供服务。此后，M2M开始通过CDMA2000 1X网络提供遥测服务。凭借安装于卡车、公交和重型设备等移动资产中的1X蜂窝收发器，公司得以与驾驶员交换双向数据信息，并随时随地地获得车辆位置、行驶时间、油耗和维护状况等。

　　1）M2M业务在交通行业中的应用主要是车载信息终端采集车辆信息（如车辆位置、行驶速度、行驶方向等），通过移动通信网络将车辆信息传回后台监控中心，监控中心通过M2M平台对车辆进行管理控制。智能交通平台如图6-6所示。

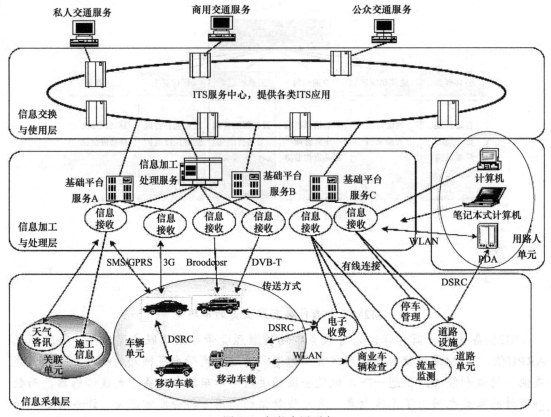

图6-6　智能交通平台

2）M2M在电力行业中的应用主要是监测配电网运行参数，通过无线通信网络将配电网运行参数传回电力信息中心，将配电网在线数据和离线数据、配电网数据和用户数据、电网结构和地理图形进行信息集成，实现配电系统的正常运行及事故情况下的监测、保护、控制、用电和配电的现代化管理维护。电力系统的组网结构如图6-7所示，M2M在电力行业各个环节中的应用如图6-8所示。

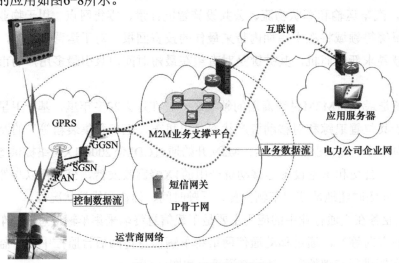

图6-7　电力系统组网结构

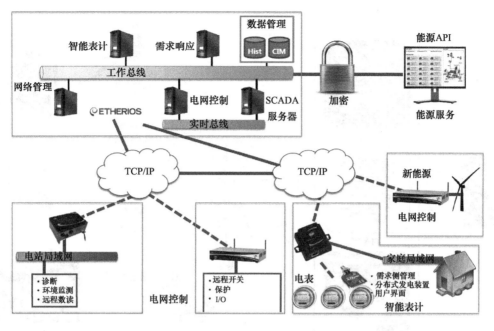

图6-8 M2M在智能电网各个环节中的应用

3）M2M业务在环保行业中的应用主要是采集环境污染数据，通过无线通信网络将环境污染数据传回环保信息管理系统，对环境进行监控，环保部门灵活布置环境信息监测端点，及时掌握环境信息，解决环境监测点分布分散、线路铺设和设备维修困难、难以实施数据实时收集和汇总等难题。M2M在环境监控中的应用如图6-9所示。

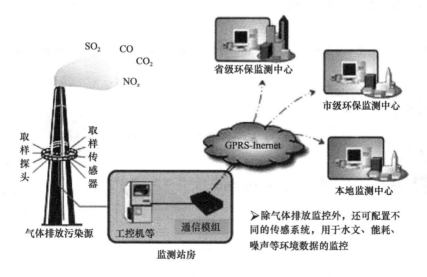

图6-9 M2M在环境监控中的应用

4）M2M业务在金融行业中的应用主要是无线POS终端采集用户交易信息，对交易信息进行加密签名，通过无线通信网络传输到银行服务处理系统，系统处理交易请求，返回交易结果并通知用户交易完成。M2M在金融行业中的应用如图6-10所示。

161

图6-10 M2M在金融行业中的应用

5）M2M业务在公安交管行业中的应用主要是帮助公安交管部门灵活布置交通信息采集点，及时掌握道路交通信息，以便根据实际情况迅速反应，从而提高公安交管部门的办公效率。信息发布平台如图6-11所示。

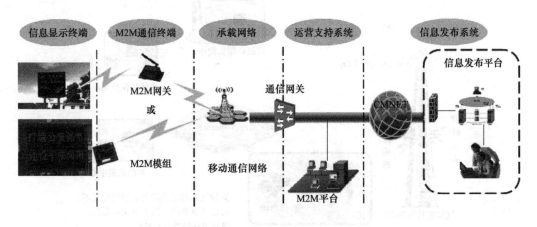

图6-11 信息发布平台

6）M2M业务在医疗监控行业中的应用主要是由监护终端设备和无线专业传感器结点构成了一微型监护网络。如图6-12所示，医疗传感器结点用来测量各种人体生理指标。传感器结点将采集到的数据，通过无线通信方式将数据发送至监护终端设备，再由监护终端上的通信装置将数据传输至服务器终端设备上，由专业医护人员对数据进行观察，提供必要的咨询服务和医疗指导，实现远程医疗。这种系统无论在人性化方面还是在节省社会资源方面都有非常大的优势，而且只占用非常有限的医疗资源。

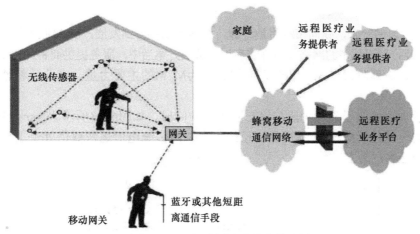

图6-12　M2M在医疗监控中的应用

5. M2M发展现状

（1）国内外M2M进展状况

作为物联网在现阶段最普遍的应用形式，M2M已经在全球多个国家和地区市场铺开。

欧洲M2M市场已经比较成熟，产业链较完整。尤其是西欧市场，其已经实现了安全监测、机械服务、汽车信息通信终端、自动售货机、公共交通系统、车队管理、工业流程自动化、城市信息化等领域的应用。

在亚太地区，日本和韩国的M2M市场发展较快，日本实行U-Japan的泛在网络战略，重点发展汽车信息通信系统及智能家居，此外还有远程医疗和远程办公等。韩国政府则实行U-Korea的泛在网络计划，其中也包括很多M2M的内容，如智能交通、自动监测和智能家居等。

在中国，各通信运营商都在紧锣密鼓地制订计划或将其推广。中国移动制订了M2M发展规划，第一阶段是单一客户的单一应用；在第二阶段，传感器网络由专用网络向公众网络过渡；到了第三阶段，全社会的通信网逐渐建立起来，最后形成一个泛在网络。中国电信将大致分3个阶段拓展M2M市场：第一阶段的主要目标是快速切入市场；第二阶段将重点提高M2M业务的附加值并建立起M2M业务管理平台；在第三阶段，则将致力于为政企客户提供真正的泛在网络。中国联通将按4个层面发展M2M：第一层面，加强产业链合作，探索共赢的商业模式；第二层面，加强M2M的技术标准化工作；第三层面，积极推广M2M的应用；第四层面，完善M2M运营管理平台。

可见，不论是国内还是国外，都已经意识到M2M通信的潜在前景。

（2）M2M发展应用概况

M2M市场近年来发展很快，其概念也逐渐被人们所了解。从自动抄表到车辆信息管理，M2M最先出现在应用需求最大的领域，之后才扩展到生产与生活的其他方面。而随着M2M服务提供商、M2M测试认证商的出现，M2M产业链也趋于完整。总体来说，M2M市场发展已初步形成规模，在未来几年中将进入快速成长期。

M2M市场的发展将分3个阶段。2003—2009年是M2M市场的初创期，在这个阶段，商业模式还处于摸索中，产业关注的焦点普遍存在于新生纵向市场的开拓上，传统运营商占据主导地位，在为行业客户提供定制个性化解决方案中，运营商的移动蜂窝网络具有无可比拟的优势。

随着第二阶段的到来，纵向市场将被打破，横向市场将得到发展，M2M服务提供商将成为新的经济增长点，越来越多的网络类型都将应用于解决方案当中，服务提供商将飞速增加。

第三阶段是成熟阶段，家庭和个人应用将成为M2M的主要力量，产业链将整合，发展模式将简化。

目前，全球市场属于第一阶段与第二阶段的中间段，如图6-13所示。Jasper Wireless和Wyless这样的全球化的M2M服务提供商已经出现，而传统电信运营商仍处于主导地位，应用客户也以企业客户为主。

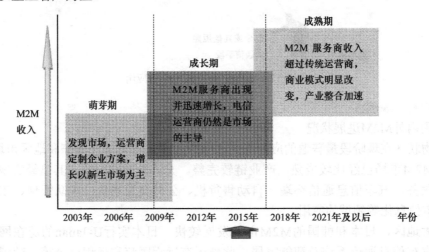

图6-13　M2M产业的发展阶段

根据相关资料预计，未来用于人与人之间通信的终端可能只占整个终端的市场的1/3，而更大数量的通信是机器对机器（M2M）的通信业务。在当今世界上，机器的数量至少是人的数量的4倍，这意味着巨大的市场潜力。

因此，M2M技术将综合通信和网络技术，将遍布在人们日常生活中间的机器设备连接成网络，使这些设备变得更加"智能"，从而可以创造出丰富的应用，给日常生活、工业生产等带来新一轮的变革。

任务2　云　计　算

◆　任务描述

近几年来，在消费电子、信息技术产品的上空都"飘起了一朵云"。"云手机""云电视""云杀毒""云游戏"等各种打着"云概念"旗号的产品和服务急剧增加。但是，各种"云概念"产品在让人眼花缭乱的同时，却让消费者"不知所云"："云概念"中屡屡提及的"云"究竟是什么？

王经理："今天我就来介绍一下云的概念，以及当前的物联网时代和云时代这些云山雾（物）罩的事儿。"

◆　任务呈现

1. 认识云计算

云计算（Cloud Computing）是基于互联网的相关服务的增加、使用和交付模式，通常涉及通过互联网来提供动态易扩展且经常是虚拟化的资源。云是网络、互联网的一种比喻说法。过去在图中往往用云来表示电信网，后来也用来表示互联网和底层基础设施的抽象。狭义的云计算是指IT基础设施的交付和使用模式，是指通过网络以按需、易扩展的方式获得所需资源；广义的云计算是指服务的交付和使用模式，是指通过网络以按需、易扩展的方式获得所需服务。这种服务可以是IT和软件、互联网相关服务，也可是其他服务。它意味着计算能力也可作为一种商品通过互联网进行流通，如云计算、云阅读、云搜索、云引擎、云服务、云网站、云盘、云站中国等，如图6-14所示。

图6-14　云计算多种多样的服务

知识拓展

什么是"云"

"云"是一些可以自我维护和管理的虚拟计算资源，通常为一些大型服务器集群，包括计算服务器、存储服务器、宽带资源等。

"云"的好处在于，其中的计算机可以随时更新，以保证"云"长生不老。这也就代表着"云"中的资源可以随时获取，按需使用，随时扩展，按使用付费。与以往的计算方式相比，它可以将计算资源集中起来，由软件实现自主管理，如此使得运算操作和数据存储的使用可以脱离用户机，从而摆脱一直以来"硬件决定性能"的局面。

（1）云计算的发展

1983年，SUN计算机系统公司提出"网络是计算机"。2006年3月，亚马逊推出弹性计算云服务。

2006年8月9日，Google首席执行官埃里克•施密特在搜索引擎大会首次提出"云计算"的概念。Google"云端计算"源于Google工程师克里斯托弗•比希利亚所做的"Google 101"项目。

2007年10月，Google与IBM开始在美国大学校园，包括卡内基梅隆大学、麻省理工学院、斯坦福大学、加州大学柏克莱分校及马里兰大学等，推广云计算的计划，这项计划希望能降低分布式计算技术在学术研究方面的成本，并为这些大学提供相关的软硬件设备及技术支持，而学生则可以通过网络开发各项以大规模计算为基础的研究计划。

2008年1月30日，Google宣布在中国台湾启动"云计算学术计划"，将与中国台湾台大、交大等学校合作，大规模、快速地将云计算技术推广到校园。

2008年2月1日，IBM宣布将在中国无锡太湖新城科教产业园为中国的软件公司建立全球第一个云计算中心。

2008年7月29日，雅虎、惠普和英特尔宣布一项涵盖美国、德国和新加坡的联合研究计划，推出云计算研究测试床，推进云计算。该计划要与合作伙伴创建6个数据中心作为研究试验平台，每个数据中心配置1400～4000个处理器。

2008年8月3日，美国专利商标局网站信息显示，戴尔正在申请"云计算"（Cloud Computing）商标，此举旨在加强对这一未来可能重塑技术架构的术语的控制权。

2010年3月5日，Novell与云安全联盟（CSA）共同宣布一项供应商中立计划，名为"可信任云计算计划"。

2010年7月，美国国家航空航天局和包括Rackspace、AMD、英特尔、戴尔等支持厂商共同宣布"OpenStack"开放源代码计划；微软在2010年10月表示支持OpenStack与Windows Server 2008 R2的集成；而Ubuntu已把OpenStack加至11.04版本中。

2011年2月，思科系统正式加入OpenStack，重点研制OpenStack的网络服务。图6-15所示为OpenStack生态系统圈包括的各个企业。

图6-15　OpenStack生态系统圈包括的各个企业

（2）云计算的基本原理

云计算的基本原理是，通过使计算分布在大量的分布式计算机上，而非本地计算机或远程服务器中，企业数据中心的运行将与互联网更相似。这使得企业能够将资源切换到需要的应用上，根据需求访问计算机和存储系统，如图6-16所示。这是一种革命性的举措，它意味着计算能力也可以作为一种商品进行流通，就像煤气、水电一样，取用方便，费用低廉。最大的不同在于，它是通过互联网进行传输的。在未来，只需要一台笔记本式计算机或一部手机，就可以通过网络服务来实现人们需要的一切，甚至包括超级计算这样的任务。

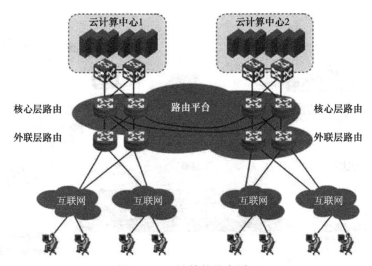

图6-16 云计算的基本原理

（3）云计算的优势

1）可靠、安全的数据存储。云计算提供了最为可靠和安全的数据存储中心，用户可以将数据存储在云端，不用再担心数据丢失和病毒入侵，因为在"云"里有世界上最专业的团队来帮你管理信息。同时，严格的权限管理策略可以帮助你放心地与你指定的人共享数据。这样，你不用花钱就可以享受到最好、最安全的服务。

2）方便、快捷的云服务。云计算时代，用户将不需要安装和升级计算机上的各种硬件，只需要具有网络浏览器，就可以方便快捷地使用云提供的各种服务。这将有效地降低技术应用的难度曲线，进一步推动Web服务发展的广度和深度。

3）强大的计算能力。云计算为网络应用提供了强大的计算能力，可以为普通用户提供每秒10万亿次的运算能力，完成用户的各种业务要求。这种超级运算能力在普通计算下是难以达到的。

4）效益。据预计，相对于机构自身运营的数据中心而言，云计算提供商的存储一般只有其1/10，而带宽成本只有1/2，计算处理能力成本只有1/3。这将帮助一些机构以比较低廉的架构成本进行运作。

（4）云计算的3种服务模式

1）IaaS（Infrastructure-as-a-Service）。IaaS，基础设施即服务。消费者通过互联网可以从完善的计算机基础设施获得服务。

2）PaaS（Platform-as-a-Service）。PaaS，平台即服务。PaaS实际上是指将软件研发的平台作为一种服务，以SaaS的模式提交给用户。

3）SaaS（Software-as-a-Service）。SaaS，软件即服务。它由互联网提供软件，用户无须购买软件，而是租用基于Web的软件来管理企业经营活动。SaaS有较低的前期成本、便于维护和快速展开使用等优势，如红麦软件的舆情监测系统。

云计算的三种服务模式如图6-17所示。

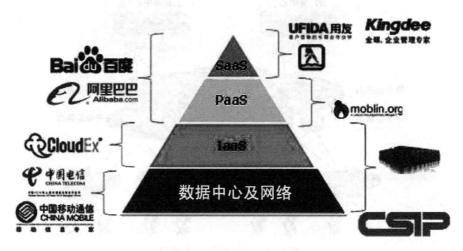

图6-17　云计算的服务模式

2. 云应用

云应用是云计算概念的子集，是云计算技术在应用层的体现。云应用跟云计算最大的不同在于，云计算作为一种宏观技术发展概念而存在，而云应用则是直接面对客户解决实际问题的产品。

云应用的工作原理是把传统软件"本地安装、本地运算"的使用方式变为"即取即用"的服务，通过互联网或局域网连接并操控远程服务器集群，完成业务逻辑或运算任务的一种新型应用。通俗地讲，就是把服务器等计算统一到高端，用户只需要通过互联网来共享相关的服务就可以了。云应用的主要载体为互联网技术，以瘦客户端（Thin Client）或智能客户端（Smart Client）为展现形式，其界面实质上是HTML5、Javascript或Flash等技术的集成。云应用不但可以帮助用户降低IT成本，更能大大提高工作效率，因此，传统软件向云应用转型的发展革新浪潮已经不可阻挡。

（1）在线影视

随着网络技术的加强，网络电视、网络电影等这些流媒体的应用越来越多地走入了人们的生活。实际上，在线影视系统不是完整的云计算，因为它还有相当一部分的计算工作要在用户本地的客户端上完成，但是，这类系统的点播等方面的工作还是在服务器端完成的，而且，这类系统的数据中心及存储量是巨大的，如图6-18所示。

图6-18　视频云平台

（2）即时通信

人们熟悉的QQ、MSN这类互联网即时通信系统的主要计算功能也是在这类服务提供商的数据中心完成的。不过，这类系统不能算是完整的云计算，因为它们通常会有客户端，而且用户的身份认证等计算功能是在用户的客户端本地完成的。但是，这类系统对于后台数据中心的要求不逊于一些普通的云计算系统，而且，人们在使用这类服务的时候，也不会关注这类服务的计算平台在哪里。

（3）在线报名和查询系统

在线报名和查询系统实际上是一系列B/S系统的代表，当用户在线申报职业资格考试的时候，以及在线查询自己的考试成绩的时候，都没有考虑过这类系统对于底层网络的要求有多大，只需要输入自己的ID，就可以查询或报名了，如图6-19所示。实际上，这类系统对于Web服务器及负载均衡的要求都相当高，这也是云计算的一种应用。

图6-19　成人高考录取信息查询系统

（4）SaaS

SaaS（软件即服务）是一种通过互联网提供软件的模式，用户不用再购买软件，而改用向提供商租用基于Web的软件来管理企业经营活动，并且无须对软件进行维护，服务提供商会全权管理和维护软件，如图6-20所示。

169

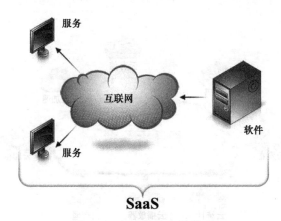

图6-20　SaaS软件布局模型

（5）在线交易

类似"淘宝""阿里巴巴"之类的在线商务、交易平台所需要的数据中心规模是非常大的。无论是B2B的平台还是B2C的平台，在线交易电子商务平台绝对是目前可见的云计算方面的典范。图6-21所示为腾讯支付云服务。

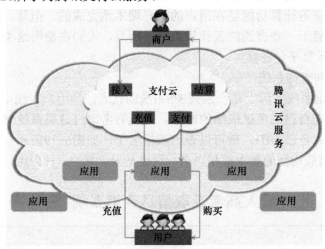

图6-21　腾讯支付云服务

（6）搜索引擎

搜索引擎是人们经常用的应用之一，搜索引擎其实就是基于云计算的一种应用方式。搜索引擎的数据中心规模是相当庞大的，对于用户来说，搜索引擎的数据中心是无从感知的。图6-22所示为目前国内三大搜索引擎。

图6-22　云搜索

（7）邮件服务

电子邮件是一种云计算服务。邮件系统的服务器统一集中在了邮件服务提供商的数据中心里，用户所做的只是注册一个邮箱而已，这就是典型的云计算应用之一。

（8）云安全

云安全（Cloud Security）是一个从"云计算"演变而来的新名词。云安全的策略构想是：使用者越多，每个使用者就越安全，因为如此庞大的用户群，足以覆盖互联网的每个角落，只要某个网站被挂马或某个新木马病毒出现，就会立刻被截获。

云安全通过大量网状的客户端对网络中的软件行为进行异常监测，获取互联网中木马、恶意程序的最新信息，推送到服务器进行自动分析和处理，再把病毒和木马的解决方案分发到每一个客户端。图6-23所示为金山云安全防御系统。

图6-23　金山云安全防御体系

（9）云存储

云存储是在云计算概念上延伸和发展出来的一个新的概念，是指通过集群应用、网格技术或分布式文件系统等功能，将网络中大量不同类型的存储设备通过应用软件集合起来协同工作，共同对外提供数据存储和业务访问功能的一个系统，如图6-24所示。当云计算系统运算和处理的核心是大量数据的存储和管理时，云计算系统中就需要配置大量的存储设备，那么云计算系统就转变成为一个云存储系统，所以，云存储是一个以数据存储和管理为核心的云计算系统。

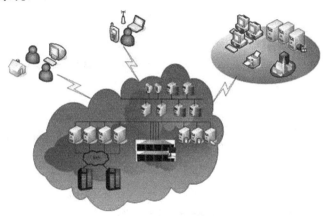

图6-24　云状结构的存储系统

（10）云游戏

云游戏是以云计算为基础的游戏方式，在云游戏的运行模式下，所有游戏都在服务器端运行，并将渲染完毕后的游戏画面压缩后通过网络传送给用户。在客户端，用户的游戏设备不需要任何高端处理器和显卡，只需要基本的视频解压能力就可以了。

业界部分公司推出了游戏云的解决方案，主要有两大类：其一是使用更多基于Web的游戏模式，如使用JavaScript、Flash和Silverlight等技术，并将这些游戏部署到云中，这种解决方案比较适合休闲游戏；其二是为大容量和高画质的专业游戏设计的，整个游戏都将在云中运行，但会将最新生成的画面传至客户端。总之，休闲玩家和专业玩家都会在游戏云找到自己的所爱，如图6-25所示。

图6-25　云游戏平台

（11）云教育

云教育是一个教育信息化服务平台，通过"一站式"应用和"云"的理念，试图打破教育的信息化边界，让所有学校、教师和学生拥有一个可用的、平等的平台。通过这个统一的、多样化的平台，让教育部门、学校、教师、学生、家长及其他与教育相关的人士都能进入该平台，扮演不同的角色，在这个平台上融入教学、管理、学习、娱乐、交流等各类应用工具，让教育真正实现信息化，如图6-26所示。

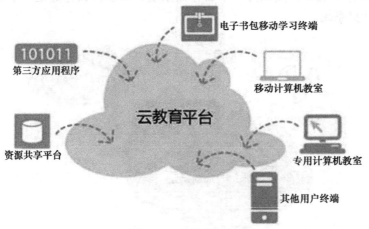

图6-26　云教育平台

（12）云会议

云会议是基于云计算技术的一种高效、便捷、低成本的会议形式。使用者只需要通过互联网界面进行简单的操作，便可快速高效地与全球各地团队及客户同步分享语音、数据文件及视频，而会议中数据的传输、处理等复杂技术由云会议服务商帮助使用者进行操作，如图6-27所示。

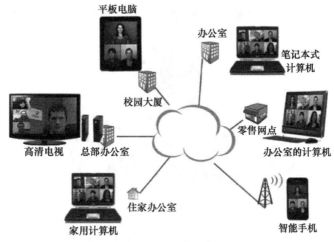

图6-27　云会议中心

3. 物联网与云计算

云计算与物联网各自具备很多优势，把云计算与物联网结合起来，云计算相当于一个人的大脑，而物联网就是其眼睛、鼻子、耳朵和四肢等，如图6-28所示。云计算是物联网发展的基石，而物联网又促进着云计算的发展，二者相辅相成，合则两利。

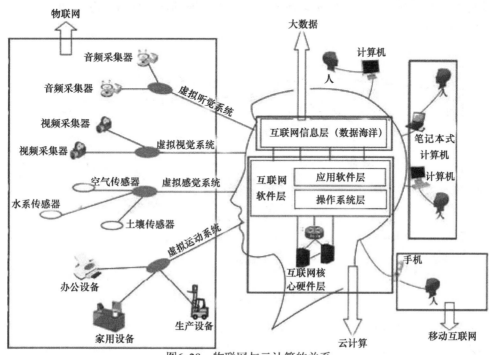

图6-28　物联网与云计算的关系

如图6-29所示，云计算从以下两个方面促进物联网的实现：

云计算是实现物联网的核心，运用云计算模式使物联网中以兆计算的各类物品的实时动态管理和智能分析变得可能。物联网通过将射频识别技术、传感技术、纳米技术等新技术充分运用在各行业之中，将各种物体充分连接，并通过无线网络将采集到的各种实时动态信息送达计算机处理中心进行汇总、分析和处理。建设物联网的三大基石中第三个基石：高效的、动态的、可以大规模扩展的技术资源处理能力，正是通过云计算模式帮助实现的。

图6-29　云计算支持物联网的实现

云计算促进物联网和互联网的智能融合，从而构建智慧地球。物联网和互联网的融合需要更高层次的整合，需要"更透彻的感知，更安全的互联互通，更深入的智能化"。这同样也需要依靠高效的、动态的、可以大规模扩展的技术资源处理能力，而这正是云计算所擅长的。同时，云计算的创新型服务交付模式，简化服务的交付，加强物联网和互联网之间及其内部的互联互通，可以实现新商业模式的快速创新，促进物联网和互联网的智能融合，如图6-30所示。

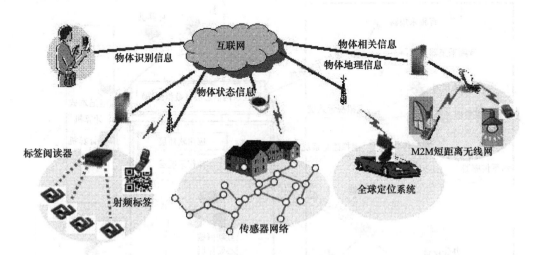

图6-30　物联网与互联网的智能融合

把物联网和云计算放在一起，是因为物联网和云计算的关系非常密切。物联网的四大组成部分为感应识别、网络传输、管理服务和综合应用，网络传输和管理服务两个部分就会利用到云计算，特别是"管理服务"这一项。因为这里有海量的数据存储和计算的要求，使用云计算可能是最省钱的一种方式。图6-31所示为物联网云的智慧应用。

图6-31　物联网云的智慧应用值得关注

云计算与物联网的结合方式可以分为以下几种：

1）单中心，多终端。此类模式中，分布范围较小的各物联网终端（传感器、摄像头或3G手机等），把云中心或部分云中心作为数据/处理中心，终端所获得的信息、数据统一由云中心处理及存储，云中心提供统一界面给使用者操作或查看。

这类应用非常多，如小区及家庭的监控、对某一高速路段的监测、幼儿园小朋友监管及某些公共设施的保护等都可以用此类信息，如图6-32所示。这类主要应用的云中心可提供海量存储和统一界面、分级管理等功能，对日常生活提供较好的帮助。一般此类云中心为私有云居多。

图6-32　云监控

2）多中心，大量终端。对于很多区域跨度加大的企业、单位而言，多中心、大量终端的模式较适合。例如，一个跨多地区或多国家的企业，因其分公司或分厂较多，要对其各公司或工厂的生产流程进行监控、对相关的产品进行质量跟踪等。

同理，有些数据或信息需要及时甚至实时共享给各个终端的使用者也可采取这种方式。例如，如果北京地震中心探测到某地10min后会有地震，只需要通过这种途径，仅仅十几秒就能将探测情况的信息发出，可尽量避免不必要的损失。中国联通的"互联云"思想就是基于此思路提出的。这个模式的前提是云中心必须包含公共云和私有云，并且他们之间的互联没有障碍。这样，对于有些机密的事情，如企业机密等可较好地保密而又不影响信息的传递与传播。

3）信息、应用分层处理，海量终端这种模式可以针对用户的范围广、信息及数据种类多、安全性要求高等特征来打造。当前，客户对各种海量数据的处理需求越来越多，针对此情况，可以根据客户需求及云中心的分布进行合理的分配。

对于需要大量数据传送，但是安全性要求不高的，如视频数据、游戏数据等，可以采取本地云中心处理或存储；对于计算要求高，数据量不大的，可以放在专门负责高端运算的云中心里；而对于数据安全要求非常高的信息和数据，可以放在具有灾备中心的云中心里。

此模式具体根据应用模式和场景，对各种信息、数据进行分类处理，然后选择相关的途径给相应的终端。

对于物联网来说，本身需要进行大量而快速的运算，云计算带来的高效率的运算模式正好可以为其提供良好的应用基础。没有云计算的发展，物联网也就不能顺利实现，而物联网的发展又推动了云计算技术的进步，因为只有真正与物联网结合后，云计算才算是真正意义上从概念走向应用，两者缺一不可。

任务3　物联网中间件技术

◆　**任务描述**

张老板："看到目前各式各样物联网的应用，特别是RFID的应用非常多，那如何将公司现有的系统与这些新的物联设备或RFID Reader连接在一起呢？"

王经理："这个问题的本质是公司应用系统与硬件接口的问题。可以采用物联网中间件技术来完成，它可以屏蔽前端硬件的复杂性，特别是像RFID读写器的复杂性。中间件的主要特点就是具有独立架构，支持数据流的控制和传输，同时支持数据处理的功能。"

◆　**任务呈现**

要想了解物联网中间件技术，首先要了解一下什么是中间件技术。中间件是一种独立的系统软件或服务程序，它位于客户机/服务器的操作系统之上，管理计算机资源和网络通信，是连接两个独立应用程序或独立系统的软件。相连接的系统，即使它们具有不同的接口，但通过中间件相互之间仍能交换信息。通过中间件，应用程序可以工作于多平台或OS环境，中间件的作用如图6-33所示。

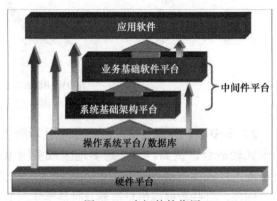

图6-33　中间件的作用

知识拓展

中间件的特点

1）满足大量应用的需要。

2）运行于多种硬件和OS平台。

3）支持分布式计算，提供跨网络、硬件和OS平台的透明性的应用或服务的交互功能。

4）支持标准的协议。

5）支持标准的接口。

1. 了解物联网中间件

在物联网中采用中间件技术，以实现多个系统和多种技术之间的资源共享，最终组成一个资源丰富、功能强大的服务系统。

（1）物联网中间件的定义

物联网中间件构建在物联网的传输层与应用层之间，用于屏蔽底层硬件、设备、网络平台的差异，支持物联网应用开发、运行时的共享和开放互联互通。它将物联网中的采集技术、传输技术、控制技术和控制逻辑抽取出来，形成一个数据采集控制系统。上层应用系统无须关心数据通过何种设备、何种技术采集、传输，也不需要关心具体的控制是怎样完成的，只需要进行控制逻辑的灵活定义和人机交互界面的开发即可，物联网中间件的功能如图6-34所示。

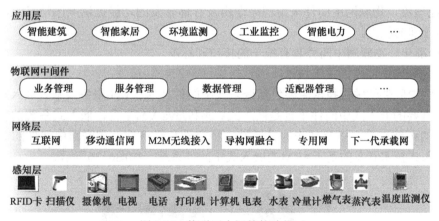

图6-34　物联网中间件的功能

（2）物联网中间件的发展历程

美国是最先提出物联网中间件（The Internet of Things Middleware，IOT-MW）概念的国家。当时美国企业正处于实施射频识别项目的改造时期，发现复杂度和难度最高的问题是如何保证将射频识别的数据正确导入到企业管理系统中，由此他们开始提出并研究将物联网中间件用于实现射频识别的硬件及配套设备的信息交互和管理系统中，同时把它作为一个软件和硬件集成的桥梁，完成与上层复杂应用的信息交换，物联网中间件最初的思想如图6-35所示。最初只是面向单个读写器或在特定应用中驱动交互的程序，现如今IBM、微软等公司都提出了物联网中间件的解决方案，国内研究与推广中间件的公司也日渐增多。

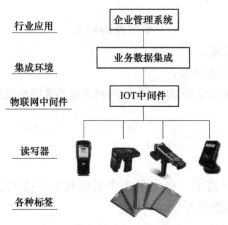

图6-35　最初的物联中间件网系统

（3）物联网中间件的特点

1）独立于架构。物联网中间件独立于物联网设备与后端应用程序之间，并能与多个后端应用程序连接，降低维护的复杂性。

2）数据流。物联网的目的是将实体对象转换为信息环境下的虚拟对象，因此，数据处理是中间件的最重要的功能，中间件具有数据收集、过滤、整合与传递等功能，以便将正确对象信息传到上层应用系统。

3）处理流。物联网中间件采用程序逻辑及存储转发的功能提供顺序消息流，具有数据流设计与管理的能力。

4）标准化。物联网中间件具有统一的接口和标准。

（4）物联网中间件的关键技术

物联网中间件的关键技术主要包括嵌入式中间件技术和Web服务技术。嵌入式中间件技术的两个重要的嵌入式中间件平台是嵌入式Web和Java VM平台，嵌入式系统的优点在于软件和硬件的可裁减性，以及结构的灵活性、稳定性和经济性。物联网中间件的关键技术，如利用嵌入式技术开发的基于ARM的嵌入式中间件系统，如图6-36所示。

图6-36　基于ARM的嵌入式中间件

而Web服务技术就是一种可以通过Web描述、发布、定位和调用的模块化应用程序，它是互联网的核心，物联网是互联网的延伸，所以Web被部署后，其他的应用程序或Web服务就能够发现并调用这个部署服务，Web服务向外界提供一个能够通过Web进行调用的API，利用编程的方法通过Web来调用这个应用程序。人们把调用这个Web服务的应用程序叫作客户。例如，利用Web服务技术开发的基于浏览器的中间件组态软件——WebAccess，如图6-37所示。

图6-37　基于浏览器的中间件

2. 物联网中间件的应用实例

物联网中间件可以在众多领域应用，需要研究的范围也很广，既涉及多个行业，也涉及多个不同的研究方向。

（1）物联网中间件应用于智慧城市

物联网中间件的典型应用为智慧城市，将相关的设备（如空调暖通设备、给排水设备、电梯、照明设备、供配电设备等）的数据引入到资源监测、分析、管理等各个层面，然后将设备的数据、状态与现有的无线网络、互联网连接起来，实现社会资源与设备资源的整合，如图6-38所示。

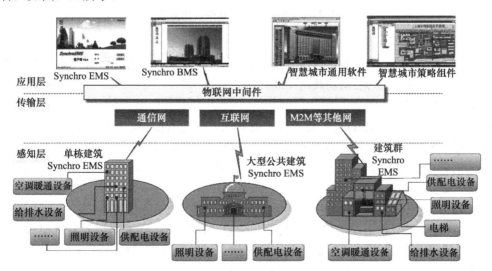

图6-38　物联网中间件应用于智慧城市

179

（2）物联网中间件助推云计算的应用

在目前的众多物联网技术里，云计算是其中技术较成熟，应用最广泛的，可是由于一开始国内对云计算的认识不够清晰和理性，先是期望过高，迅速转换为数据中心的投资热潮，然后发现应用跟不上，资源闲置，又开始谈云色变。这些失误导致云计算在国内一直处于高高的"云端"，而没有落地的应用。

从概念推广到落地应用，云计算产业的蓬勃发展离不开各类IT技术的支持，特别是中间件产品与技术的日益成熟，为云计算时代的全面开启奠定了坚实的基础。

从物联网概念的诞生到物联网理念、内涵的不断丰富，再到相关产品雏形的出现，物联网发展的每一步都给用户描绘出一幅幅美好的蓝图，只是由于缺乏成熟的技术与应用模式，物联网在近几年里只能成为飘在空中可望而不可即的"云彩"。如今，伴随着中间件产品与技术的日益成熟，物联网正在一步步地"化云为雨"，基于云计算的数据存储系统、商业智能系统等逐渐融入社会生活的各个领域，给人们的工作、学习和生活带来革命性的变化，物联网中间件助推云计算应用如图6-39所示。

图6-39　物联网中间件助推云计算应用

3．RFID中间件

目前，物联网中间件最主要的代表是RFID中间件，其他的还有嵌入式中间件、数字电视中间件、通用中间件、M2M物联网中间件等。

（1）RFID中间件的定义

RFID中间件是实现RFID硬件设备与应用系统之间数据传输、过滤及数据格式转换的一种中间程序。RFID读写器读取的各种数据信息经过中间件的提取、解密、过滤、格式转换导入企业的管理信息系统，并通过应用系统反应在程序界面上，供操作者浏览、选择、修改、查询，如图6-40所示。

（2）RFID中间件的原理

RFID中间件是一种面向消息的中间件，信息（Information）是以消息（Message）的形式，从一个程序传送到另一个或多个程序。信息可以以异步（Asynch Ronous）的方式传送，所以传送者不必等待回应。面向消息的中间件包含的功能不仅是传递信息，还必须包括解译数据、安全性、数据广播、错误恢复、定位网络资源、找出符合成本的路径、消息与要求的优先次序及延伸的除错工具等服务。

（3）RFID中间件的特征

1）独立于架构（Insulation Infrastructure）。RFID中间件独立并介于RFID读写器与后端应用程序之间，并且能够与多个RFID读写器及多个后端应用程序连接，以减轻架构与维护的复杂性。

2）数据流（Data Flow）。RFID的主要目的在于将实体对象转换为信息环境下的虚拟对象，因此，数据处理是RFID最重要的功能。RFID中间件具有数据的收集、过滤、整合与传递等特性，以便将正确的对象信息传到企业后端的应用系统。

3）处理流（Process Flow）。RFID中间件采用程序逻辑及存储再转送的功能来提供顺序的消息流，具有数据流设计与管理的能力。

4）标准（Standard）。RFID是自动数据采样技术与辨识实体对象的应用。EPCglobal（全球物品编码中心）所研究的EPC（产品电子编码）是各种产品的全球唯一识别号码的通用标准。EPC是在供应链系统中，以一串数字来识别一项特定的商品，通过无线射频辨识标签由RFID读写器读入后，传送到计算机或应用系统中的。对象命名服务系统会锁定计算机网络中的固定点抓取有关商品的消息。EPC存放在RFID标签中，被Rid读写器读出后，即可提供追踪EPC所代表的物品名称及相关信息，并立即识别及分享供应链中的物品数据，有效地提供信息透明度。

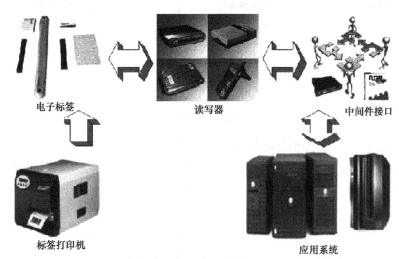

电子标签　　　　　　　　读写器　　　　　　　中间件接口

标签打印机　　　　　　　　应用系统

图6-40 RFID中间件的功能

知识拓展

RFID中间件的意义

1）实施RFID项目的企业，不需要进行任何程序代码开发便可完成RFID数据的导入，可极大缩短企业实施RFID项目的周期。

2）当企业数据库或企业的应用系统发生更改时，对于RFID项目而言，只需要更改RFID中间件的相关设置即可实现将RFID数据导入新的企业信息系统。

3）RFID中间件为企业提供灵活多变的配置操作，企业可根据实际情况自行设定相关的RFID中间件参数。

4）当RFID系统扩大规模时，只需要对RFID中间件进行相应设置，便可完成RFID数据的导入，而不需要进行程序代码的开发。

（4）RFID中间件系统框架

中间件系统结构包括阅读器接口、处理模块、应用程序接口三部分。阅读器接口负责前端和相关硬件的沟通接口；处理模块包括系统与数据标准处理模块；应用程序接口负责后端与其他应用软件的沟通接口及使用者自定义的功能模块。RFID中间件系统结构框架如图6-41所示。

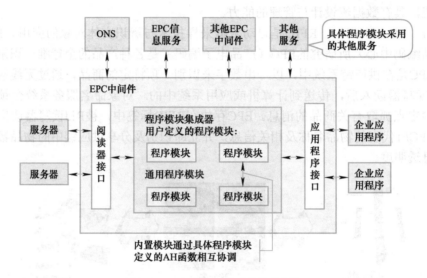

图6-41　RFID中间件系统结构框架

1）阅读器接口的功能：提供阅读器硬件与中间件的接口；负责阅读器和适配器与后端软件之间的通信接口，并能支持多种阅读器和适配器；能够接受远程命令，控制阅读器和适配器。

2）处理模块的功能：在系统管辖下，能够观察所有阅读器的状态；提供处理模块向系统注册的机制；提供EPC编码和非EPC转换的功能；提供管理阅读器的功能，如新增、删除、停用、群组等；提供过滤不同阅读器接收内容的功能，进行数据处理。

3）应用程序接口功能：连接企业内部现有的数据库或EPC相关数据库，使外部应用系统可透过此中间件取得相关EPC和非EPC信息。

（5）RFID中间件的应用

1）RFID中间件在仓储管理的应用。现代物流的根本宗旨是提高物流效率、降低物流成本、满足客户需求，并越来越呈现出信息化、网络化、自动化、智能化、标准化等发展趋势。仓储管理是对物流过程中货物的储存及由此带来的商品包装、分拣、整理等活动进行的管理。仓储管理系统是提高物流管理效率的重要途径，通过实现RFID技术与仓储管理系统的结合，使得RFID数据可在整个物流供应链中得到全面应用，从而提高整个物流供应链的效率，RFID中间件在仓储管理中的应用如图6-42所示。

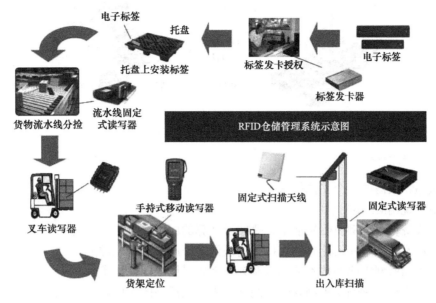

图6-42 RFID中间件在仓储管理中的应用

2）RFID中间件在医院药物管理中的应用。随着现代医院药学的快速发展，如何扩充医院信息系统的药物管理功能，弥补其操作功能的缺陷，进一步提高医院药物管理水平，在药物输送、用药安全及库存管理等方面真正建立起信息网络化管理模式。目前，医院药物管理实现了将RFID标签应用于托盘/箱上，确保安全的药物运送和药物的库存管理程序。RFID中间件在医院药物管理中的应用如图6-43所示。

图6-43 RFID中间件在医院药物管理中的应用

3）RFID中间件在智能手机平台的应用。在企事业一卡通不同的应用中，如考勤、消费和物流等，各应用使用不同厂家的硬件，则需要根据厂家提供的不同通信方式，在应用系统的相应模块中进行单独编程，既增加了应用软件的复杂度，又平添了调试的难度，一个地方的改动牵连多个模块，耗时耗力，效率低下。在射频标识RFID领域，许多著名的跨国公司相继推出了自己的RFID中间件技术和架构，并在有关行业取得了成功的应用。例如，Sun RFID software和Sybase RFID Edgeware等。RFID中间件在智能手机平台的应用如图6-44所示。

183

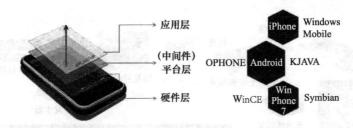

图6-44 RFID中间件在智能手机平台的应用

◆ 项目能力巩固

1. 试述物联网的几个支撑技术。
2. 举例说明M2M的应用。
3. 查找资料,举例说明生活中有哪些云计算的应用。
4. 尝试设想一下在云计算的支持下物联网未来的发展是怎样的。
5. 试述物联网中间件技术的功能及为什么要采用中间件技术。
6. 查找资料,举例说明物联网中间件技术在生活中的应用。

◆ 单元知识总结与提炼

在本项目中学习了物联网发展的关键技术M2M技术、云技术和中间件技术,其中M2M技术是通过实现人与人、人与机器、机器与机器的通信,让机器、设备、应用处理过程与后台信息系统共享信息。M2M技术的应用几乎涵盖了各行各业,通过"让机器开口说话",使机器设备不再是信息孤岛,实现对设备和资产的有效监控与管理。

云计算是网格计算、并行计算、网络存储等传统计算机技术和网络技术发展融合的产物。它可以为物联网提供高效的计算、存储能力,通过不断提高"云"的处理能力,最终使用户终端简化成一个单纯的输入输出设备,并能按需享受"云"的强大计算处理能力。

中间件(Middleware)是处于操作系统和应用程序之间的软件,它屏蔽了底层操作系统的复杂性,使程序开发人员面对一个简单而统一的开发环境,减少程序设计的复杂性,将注意力集中在自己的业务上,从而大大减少了技术上的负担。

项目学习总结评价表

能力	学习目标	核心能力点	自我评价
职业岗位能力	M2M	了解M2M业务	
		掌握M2M系统架构与支撑技术	
		了解M2M的应用领域	
	云计算	了解云计算的概念、发展历程、基本原理,以及云计算的优势与服务模式等	
		掌握云计算的应用	
		掌握云计算与物联网的关系	
	物联网中间件技术	了解物联网中间件的定义、特点、发展历程和关键技术等	
		掌握物联网中间件的应用范围	
		掌握RFID中间件的原理、系统框架和应用	
通用能力	沟通表达能力		
	解决问题能力		
	综合协调能力		

参 考 文 献

[1] 刘军，阎芳，杨玺. 物联网技术[M]. 北京：机械工业出版社，2013.

[2] 刘丽军，邓子云. 物联网技术与应用[M]. 北京：清华大学出版社，2009.

[3] 解相吾. 物联网技术基础[M]. 北京：清华大学出版社，2014.

[4] 马建. 物联网技术概论[M]. 北京：机械工业出版社，2015.

[5] 闫连山. 物联网技术与应用[M]. 北京：高等教育出版社，2015.

[6] 石志国. 物联网技术与应用[M]. 北京：北京交通大学出版社，2012.

[7] 王震. 物联网技术与应用教程[M]. 北京：清华大学出版社，2013.

[8] 吴大鹏. 物联网技术与应用[M]. 北京：电子工业出版社，2012.